系统安全性及灵敏度分析

阚丽娟　徐吉辉　著

国防工业出版社
·北京·

内 容 简 介

本书详细介绍了不确定情况下系统安全性评估指标及其灵敏度分析的理论方法及工程应用。全书共6章,首先介绍了系统安全性评估指标及指标要求的确定方法;然后,从系统安全性不确定性分析的角度出发,提出了几种新的重要性测度指标,并给出了高效求解方法;最后对安全完整性水平要求下安全系统失效概率灵敏度指标的求解方法展开研究。

本书可供从事系统结构不确定性和安全性分析工作的科研人员以及大专院校的教师、研究生和高年级的本科生使用。

图书在版编目(CIP)数据

系统安全性及灵敏度分析/阚丽娟,徐吉辉著. —北京:
国防工业出版社,2023.1
ISBN 978-7-118-12684-6

Ⅰ.①系… Ⅱ.①阚… ②徐… Ⅲ.①系统安全性—
研究 Ⅳ.①TP309

中国版本图书馆 CIP 数据核字(2022)第 208714 号

※

国防工业出版社出版发行
(北京市海淀区紫竹院南路 23 号 邮政编码 100048)
北京虎彩文化传播有限公司印刷
新华书店经售

*

开本 710×1000 1/16 印张 9¼ 字数 160 千字
2023 年 2 月第 1 版第 1 次印刷 印数 1—1200 册 定价 88.00 元

(本书如有印装错误,我社负责调换)

国防书店:(010)88540777 书店传真:(010)88540776
发行业务:(010)88540717 发行传真:(010)88540762

前言

　　1903 年莱特兄弟成功发明固定翼飞机拉开了人类探索宇宙、实现飞天梦想的序幕，自此人们开始不断探索更为安全、高效的航空器。民用航空器的高速发展极大地方便并改善了人们的生活，而航空装备的出现则直接推动了军事和战争形态的变革，成为战斗力的核心力量。由于航空器科技含量高、性能先进、系统结构复杂，事故后果影响大，其对安全提出了极高的要求。

　　安全性是表征航空器安全性能的专用术语，是航空产品的一种共性的固有属性，是保障使用安全的前提条件。安全性靠设计赋予，制造实现，并通过维修加以保持。安全性工程起源于民用行业，在军事领域得到广泛应用并成熟发展起来，必须从全系统、全寿命角度充分考虑航空装备安全性问题，对提升战斗效益有着重大意义。在安全性工程中，系统安全性的定量分析与评估是系统设计工作的一项重要内容，而建立相应的安全性指标是定量评估系统安全性的前提条件。本书总结了系统安全性工作的基本思路，并系统梳理了目前常用的安全性指标，探讨了安全性指标的有效选取问题。此外，由于在实际工程中，不确定性具有一定的普遍性，并对系统的安全性有着很大影响。为有效减少实验成本、缩短产品研制周期，安全性灵敏度分析已经成为航空装备领域安全性设计与优化工作的一项重要内容，本书对安全性指标的灵敏度分析进行了重点研究。

　　本书主要包括以下六章内容：

　　第 1 章，主要论述本书研究的背景和意义、国内外关于系统安全性及灵敏度分析的研究进展，以及本书的主要研究内容。

　　第 2 章，系统梳理了系统安全性的基本理论、工作思路和常用的安全性指标，探讨了系统安全性指标的理想特性、现有指标的特点和适用范围。

　　第 3 章，对实际工程中系统安全性的不确定性分析问题，论述了动态系统失效概率的重要性测度分析方法。

　　第 4 章，对实际工程中系统安全性的不确定性分析问题，探讨了系统安全寿命的重要性测度分析方法。

　　第 5 章，针对部附件失效率的不确定性对系统安全性的影响问题，从安全性要求下系统失效概率的角度,对系统安全性的灵敏度进行了分析和讨论。

第6章,针对安全系统不确定性建立的灵敏度分析指标求解问题,提出了一种能够高效、准确估计指标的仿真方法,克服了有限差分法的不足。

在本书的编写过程中,参考了大量国内外有关文献和论著,我们对这些成果的创造者表示钦佩,并对这些成果为本书提供参考和引用深表谢意。

由于系统安全性理论还处于发展完善阶段,基础理论的原理性和适用性要求高,研究难度大,加之我们能力和水平有限,书中不妥之处在所难免,恳请读者批评指正。

作者
2023 年 1 月

目录

第1章
绪论

1.1　本书研究的背景和意义

随着科学技术的不断发展及在航空装备领域的广泛应用,现代航空装备的各项性能得到很大的提升,同时其系统结构也越来越复杂,影响航空装备安全的因素不断增加,使得航空装备安全面临严峻的挑战。为了解决这一问题,传统的"事后型"安全管理方式已经不能满足装备安全发展的需要,需借鉴国际民航和美军的经验和有益做法,采用系统工程的思想,在装备全寿命周期积极开展安全性工作[1]。安全性是装备设计中应该满足的一种固有质量特性[2],是保证航空装备安全水平的基础,必须作为一种设计要求将可接受的安全性水平设计到装备中,通过制造在装备中得以实现,通过验证和评估予以表明,通过使用维修予以保持。

受航空工业基础薄弱的限制,我国航空装备的发展相对比较滞后,与航空工业发达国家相比还有很大差距。虽然经过过去几十年"测仿和仿造"方式的发展,已经建立了系统的强大的航空工业基础,并开始自主研发航空装备,但在装备系统安全性方面,仍受传统工作思想的影响,基本上采用可靠性、维修性指标替代系统安全性指标的方法来开展相关工作,无法提出系统的具体的装备安全性要求,难以有效指导装备安全性工作。在标准文件方面,虽然国内借鉴美军的安全性标准,制定了 GJB 900-90《系统安全性通用大纲》[2]和 GJB/Z99-97《系统安全工程手册》[3]等标准,但由于工业部门缺乏相应的理论与技术基础而难以将其系统全面地落实到装备设计之中。因此,我国装备系统安全性工作基本处于起步阶段,安全性理论与技术发展滞后,系统安全性工作面临诸多困难和挑战,所研制的装备在设计环节对系统安全性考虑不周,存在"先天不足"的问题,致使装备安全性水平偏低,使用过程中的安全问题非常突出。统计资料表明:近30年来空军发生的严重飞行事故中,由于机械原因导致的严重飞行事故所占比例高达30%。而在机械原因导致的飞行事故中,90%以上事故是由于设计、制造和修理质量等原因所致。虽然目前我国空军的飞行安全水平呈上升趋势,但因设计、制造、修理质量问题导致的飞行事故征候所占的比例仍然很高,特别是重复性、批次性的重大质量安全问题十分突出,这些问题严重影响空军飞行训练工作的顺利遂行。要想改变这一被动局面,有效提高我国航空装备的安全性水平,就需要积极开展装备系统安全性分析、设计与评估等理论与技术方法研究。

长期以来,航空工业发达国家都非常重视航空装备的安全性问题,积极推进安全性工作,在装备安全性方面积累了大量经验,并制定了相应的标准和规范,使得安全性工作贯穿于装备寿命周期全过程。装备寿命周期各阶段,安全性工作的侧重点有所不同,所采用的方法也有一定差异。在装备研制初期,结合装备实际情况和预期的安全技术发展状况,通过系统安全性分析,在定性和定量两个方面提出明确的安全性要求。在装备研制过程中,随着系统设计的不断深入,运用系统工程的思想对系统安全性进行反复分析、评估和验证,及时发现和识别系统存在的危险源,通过安全性设计技术消除隐患,保证装备达到提出的安全性要求,实现装备的优生优育[4-5]。在装备使用维修阶段,通过经常性的维修保养工作,保持航空装备的安全性水平;通过安全性评估工作,分析装备可能面临的风险,采用加改装等方式,不断改进装备的安全性。美军作为运用这一思想的典型代表,在装备的论证和研制阶段就着手考虑其全寿命周期的安全性问题,已经在F-14、F-16、F-18、F-22、F-35战斗机,B-1战略轰炸机,MH-53直升机等航空装备的研发过程中部分或全面地开展了系统安全性工作,有效地提高了装备的安全性水平[6-18]。以F-4和F-14两型飞机为例,从1981年开始,这两型飞机就在海军执行同类任务,由于F-4没有采用正式的系统安全性方案,使得该型飞机在使用过程中的安全性水平远远低于F-14飞机。据统计,F-4飞机因系统失效引起的事故征候万时率为0.952,而F-14飞机为0.577。实践表明,在装备的研制阶段积极开展系统安全性工作是提高装备安全水平的一种非常有效的方法和手段。

开展系统安全性工作,首先需要建立一套科学合理的系统安全性指标。系统安全性指标是一种用来度量装备系统安全性程度的方法,是开展安全性工作的前提和基础。在装备研制初期,要依据系统安全性评估指标,结合工程实际和科学技术发展状况,提出科学合理的安全性定量要求;在装备研制过程中,要以所提的安全性定量要求为牵引,将其落实到装备系统的设计之中,使其满足所提出的安全性要求;在装备研制后期,要根据具体的装备设计构型,评估设计的装备系统是否达到了所提的安全性要求。因此,安全性指标在装备系统安全性工作中具有非常重要的作用。依据安全性指标不仅能够提出指标系统的定量安全性要求,指导安全性设计,而且可以定量评估装备系统的安全风险,帮助设计人员对所设计的系统进行判断和决策。

装备系统安全性是在装备寿命周期各阶段通过分析、设计和优化等工作的反复迭代得以实现。装备系统安全性设计与优化工作,涉及的一项关键技术就是安全性灵敏度分析。通过灵敏度分析可以得到系统中各个输入变量的重要程度,给出输入变量不确定性的重要性排序,设计人员依据输入变量的重要性排序,能够经济有效地提出优化的系统设计方案,从而实现提高结构系统性能稳健性、可靠性或安全性的目标。因此灵敏度分析是工程设计与优化过程中一项重要技术,并随着计算仿真技术应用范围的不断扩大,越来越受到各个领域工程设计人员的高度重视。全局灵敏度分析是目前学术界和工业界研究的一项重点内容,通过全局灵敏度分析,可以对影响系统性能或模型输出响应量不确定性的基本变量的重要性进行排序,确定结构系统设计和优化过程中需要优先或重点考虑的基本变量,为系统设计和优化提供技术指导[19]。

虽然装备安全性工程经过长期的发展,在安全性分析、设计与评估等理论与技术方法等方面已经积累了大量研究成果,但这些技术方法大都有一个默认的假设条件,即假定装备系统的部附件的试验数据非常充分,它们的失效率皆可采用固定值来描述。然而,在实际工程中,不确定性具有一定的普遍性,并对系统的安全性有很大影响。按照不确定性的来源和人们对不确定性的认知水平不同,实际工程中的不确定性可分为随机不确定性(aleatory uncertainty)和认知不确定性(epistemic uncertainty)两大类[20-34]。随机不确定性也被称为客观不确定性或者偶然不确定性,它是由于研究对象的内部具有一定的固有随机性所产生的不确定性。随机不确定性不会随认知信息的增加或认识的深入而彻底消除,它的改变只能通过改变设计方案来实现[25-30]。认知不确定性也称主观不确定性,它是由于数据匮乏、知识缺乏或知识不完备而对所研究的对象认知不足产生的不确定性。认知不确定性可以随着数据信息的积累和认识水平的不断提高而减少[29-34]。针对系统部附件失效率的不确定性问题,E. Zio 等[35]对其进行了深入的分析,他们一致认为:由于受内部和外界环境、试验数据的数量和人的认知能力等因素的限制,系统部附件的失效率也具有一定的不确定性,并建议采用概率分布函数描述其不确定性[36-37]。在这种情况下,部附件失效率的不确定性经过系统结构函数传递到系统输出响应量,使得系统响应量也具有一定的不确定性。

关于不确定性条件下的安全性分析、设计与评估方法,目前的相关研究还比较少,有大量的理论和技术问题需要进一步研究和探讨。为此,本书主要围绕不确定性条件下的安全性问题,重点对不确定性条件下的安全性评估指标及其灵敏度分析方法进行探讨。分析了系统安全工作中常用的安全性评估指标及其特点,在此基础上,从不同的角度研究了系统安全性灵敏度指标和高效算法。研究成果在理论上可为确定结构系统的安全性要求、揭示结构系统安全的内在规律,以及分析系统安全性提供理论指导;实践上可为系统安全性的分析、设计、评估和优化等工作提供技术支撑。

1.2 系统安全性理论发展简介

1. 国外发展状况

系统安全性思想起源于美国军方,美军将其总结归纳为系统安全工程。20世纪50年代到60年代,美国在研制"民兵"洲际导弹的过程中,经常发生事故,损失非常惨重。为了有效预防事故,美国空军提出了采用系统工程的基本思想和方法研究导弹系统的安全性和可靠性问题[38],大大地减少了导弹研制过程中的事故。1961年,美国贝尔实验室首先提出故障树分析(FTA)方法,首次将其应用于"民兵"洲际导弹发射控制系统的安全性分析,并在1962年提出了"弹道导弹系统安全工程",开创了系统安全理论。1963年10月美国空军颁布空军武器装备的安全性军用规范 MIL-S-38130。随后,1969年7月,为了推进武器系统的安全性工作,美国国防部颁布了各军种通用的军用标准 MIL-STD-882[39]。此后,系统安全进入航天、航空及核电站等领域[40-44]。虽然 MIL-STD-882 是世界上很多国家开展系统安全性工作的引用标准,但也存在一定的不足。该标准的不足之处主要表现在三个方面:一是所建立的系统安全性概念及基本原则存在不明确之处,如危险、危险可能性、危险严重性等的定义不明确;二是标准中的系统安全性一直没能与民用系统如核、航天等行业中成熟应用的概率风险评估有机地结合起来;三是标准一直回避定量风险的概念,这与系统安全性分析的概念和要求是不相符合的[45]。直到 90 年代中后期，美国国防部门在系统安全性领域才开始将概率风险作为安全性评估指标引入军用装备中。

随着系统安全性工程技术方法和系统安全性管理思想的不断发展，军用标准 MIL-STD-882 也在不断地完善与改进，并出现了不同的版本。2002 年 2 月，美国国防部发布了新版系统安全性标准 MIL-STD-882D[45]，吸收了民航适航审查的思想，将民航概率安全性评估方法应用于军用装备的安全性评估中，大大提升了军用装备的安全性设计、评估的水平。到目前为止，MIL-STD-882D 是军用领域最具代表性的系统安全性理论，包含了较为完备的系统安全性理论框架，其中涉及的系统安全性评估理论有：定义了可接受和不可接受安全的条件，明确事故风险的定义，定性划分事故严重程度类别，定量划分事故可能性等级，确定事故风险评估方法，消除或减少事故风险的方法。虽然 MIL-STD-882D 规定了系统安全性评估的主要内容和基本方法，但并没有指出具体的操作步骤，因此无法指导实际操作。系统安全性理论在军用领域发展的同时也在民用领域取得了很大的进展，美军在吸收民用系统安全性理论经验的基础上，对 MIL-STD-882D 进行修改，形成 MIL-STD-882E（DRAFT）[46]。该文件在附件部分详细阐述了系统安全性分析、评估和验证的目的、方法和步骤，使系统安全性评估理论更加完备。

在美国军方，系统安全性评估理论不仅体现在军用标准中，还体现在军用手册中。作为系统安全性的创始者，美国空军的安全中心于 2000 年 7 月发行了《空军系统安全手册》（Air Force System Safety Handbook）[42]，该手册充分借鉴民用飞机系统安全性评估的经验，在 MIL-STD-882D 的基础上对军用航空装备系统安全性评估理论进行改进和扩展，详细规划了系统安全性评估的全过程，并建议了 10 种系统安全性定性定量分析方法，极大丰富了系统安全性评估理论的内容，所规划的评估过程和建议的分析方法更能有效地指导军用航空装备的安全性评估工作。但是，该手册没有提出具体而定量的评估指标，仍采用风险评估指数矩阵来评估风险的接受程度，因此没有针对具体类型的军用航空装备提出定量的系统安全性要求。在美国空军发行系统安全性指导手册后，美国国防部于 2001 年 4 月发行了陆海空三军通用指南 JSSG - 2001B（Joint Service Specification Guide-Air Vehicle）[47]。JSSG-2001B 将 MIL-STD-882D 中的 4 个事故风险等级和 5 个事故概率等级扩展为 5 个危险严重性等级和 6 个危险频率等级，也回避了定量风险。此外，该手册定义了非战斗损失率的概念，将其作为评估军用航空装备安全性的指标之一。

随着系统安全性评估理论的不断发展与完善,以系统安全性为核心的适航性也在民用领域逐渐兴起。如今适航性的相关法规已成为强制性法规,所有新研制的民用飞机必须进行适航审查,在获取适航证书后才能投入商业运行。目前,美国联邦航空管理局(Federal Aviation Administration,FAA)和欧洲联合航空局(Joint Aviation Authorities,JAA)所制定的适航标准是全世界最具代表性的适航性标准。在大型运输机的系统安全性评估中应用最广泛的标准条款主要为:FAR25. 1309[48]、AC-23. 1309 系列[49]和 AC-25. 1309 系列[50]等。在以上两个民航组织中,FAA 于 20 世纪 70 年代以系统失效概率作为安全性评估指标,提出了民机系统灾难性失效状态的发生概率应该小于 $1×10^{-9}$ 次/飞行小时的安全性要求,并推导出民用飞机的事故发生概率与失效状态严重性存在反比关系的结论,为系统安全性工作提供了科学合理的安全性指标。

随着民用飞机适航理论的发展,适航性的核心内容"系统安全性"也被逐渐明确。FAA 于 2000 年 11 月发行了民用飞机的《系统安全性手册》[51],该手册在系统安全性评估理论方面与美国空军发行的《空军系统安全手册》基本相同,但规定了定量的风险,确定了各失效状态所允许的最高失效概率,更加明确了系统安全性评估的目标。

在民用领域成功实施适航性工程的同时,美国军方也着手开展军用飞机的适航性工程,颁布了一系列标准、手册[52-54]以提高军用飞机的安全性,同时这些文件也吸纳了民用飞机系统安全性相关理论成果,使其不断丰富和完善。

从以上系统安全性的发展历史可以看出,国外系统安全性评估理论已经比较成熟。在实际工程应用中,系统安全性评估的基本思路是:以事故率和系统失效概率等作为系统安全性评估指标,开展系统安全性的定量分析、设计与评估等工作。在安全性设计过程中,首先以事故率为指标,以此确定整机级安全性要求;然后采用功能危险分析和失效模式及影响分析等方法,将整机级安全性要求分配到各个系统,确定不同严酷等级下的系统安全性要求;最后,将系统安全性要求再分配到各个子系统或部附件,从而确定各个子系统或部附件的安全性定量要求。安全性指标分配完成后,随着飞机结构设计的不断深入,又以所分配的指标为标准,评估所设计的系统是否达到所确定的安全性要求。在飞机寿命周期各阶段,通过系统安全性设计、分析和评估等工作的反复迭代,最终使飞机达到预期的安全性水平。由此可见,事故率和系统失效概率等作为系统安全性评估指标,在整个系统安全性工程中发挥着非常重要的作用。

2. 国内发展状况

我国的系统安全性工作起步比较晚,相应的系统安全性评估理论研究也开展得较晚。与国外相同,我国系统安全性理论成形于军用领域。1990 年 10 月,参照美国的标准 MIL-STD-882B,结合我国实际情况发布了 GJB 900-90《系统安全性通用大纲》[2],规定了军用装备系统安全性的一般要求及管理、控制、设计、验证、评价和培训等方面的工作,规范了军用装备系统在研制、生产、运行和维护过程中的安全性工作。由于该标准是参照 MIL-STD-882B 制定的,因此也具有 MIL-STD-882 的缺点,如缺乏一种切实可行的、使系统安全性能从定性分析到定量分析的方法。同时,该标准中各工作项目和目标之间的衔接不够明确,且各项目所采用的评估技术方法的适用性也未经考证,在型号中的贯彻和实施还很不系统,成功应用的经验很少。

为了支撑 GJB 900-90,我国于 1997 年 11 月发布了 GJB/Z 99-97《系统安全工程手册》[3]。该标准详细阐述了安全性分析、验证和评价的步骤和实施方法,推荐了 5 种可供参考的分析方法。但由于当时国内对系统安全思想和相关技术方法的研究不够系统深入,未能规范设计阶段的事故风险评价[55]。因此,该标准也没能很好地指导军用装备的系统安全性评估工作。

随着民用飞机适航性工程和新型飞机研制工作的开展,我国开始逐渐探索新型军用航空装备的适航性工程,不少学者已经在理论上对军用航空器的系统安全性理论和适航性理论进行有益的探索,并得出了大量的研究成果。

国防科技大学的颜兆林[56]在其博士毕业论文《系统安全性分析技术研究》中提出了基于事故机理的系统安全性分析框架,研究了寿命周期各阶段系统安全性分析工作流程,设计开发了安全性分析辅助软件平台,从决策、控制和组织三个方面研究了风险管理。

中航工业第一飞机设计研究院的白康明[57]从工程的角度指出,军用航空装备适航性的系统安全性评估应根据飞机型号研制总要求,筛选并裁剪合适的标准规范条款作为军用航空装备系统安全性设计标准,并应借鉴民用飞机系统安全性评估的有益做法,进行功能危险分析、故障树分析、失效模式及其影响分析、初步系统安全性分析、共因分析和系统安全性分析。

焦健[58]指出了我国军用航空装备系统安全性评价和验证的实现方法不全面的缺点,建议根据型号要求采用 ARP 4761 的系统安全性评估理论和方法进行安全性评估。

宗蜀宁[59]博士通过对比分析国外民用飞机和军用航空装备的系统安全性指标,提出系统安全性指标必须具备的总体要求、风险和维度的应用要求。根据系统安全性指标的要求,从安全性参数体系中选择出适用于我国军用运输类飞机系统安全性评估的参数。研究了国外军、民航系统安全性指标的构建方法,在确定评估指标的基础上,建立了衡量我国军用运输类飞机系统安全性水平的数学模型;经过对我国军用运输类飞机实际安全数据的统计分析,计算出目前我国军用运输类飞机系统安全性的实际水平;通过对比分析我国军用运输类飞机实际系统安全性水平与民用飞机系统安全性水平,综合确定出我国军用运输类飞机的系统安全性评估指标要求。

通过分析国内外系统安全性评估指标研究的发展现状和实际情况,现有的系统安全性评估指标主要可概括为三类:第一类是基于事故的安全性评估指标,主要包括平均事故间隔时间、事故率、安全可靠度和损失率等。这些指标主要根据事故的统计数据计算航空装备事故发生的频率或概率,以此来评估装备的安全性水平,在设计阶段主要用来确定装备的整机级安全性要求,在使用阶段用来对装备安全性程度进行总体评估。第二类指标是基于风险的安全性评估指标,这类指标从危险/危害事件发生的可能性和严重程度两个方面对安全性进行综合度量,通过风险值的大小来度量航空装备的安全性程度。美国 FAA 所制定的适航规章 FAR25.1309,以失效概率作为系统安全性指标,将危险/危害事件发生的严重程度划分为 5 种严酷等级,每种严酷等级对应于不同的最大失效概率,从而形成不同的安全性要求。与民用飞机不同,大多数军用装备没有明确规定各严酷等级下的最大事故发生概率,而是由军方运用风险评估指数矩阵来确定最低的系统安全性要求。第三类指标是与安全相关的可靠性指标,主要包括故障率和失效概率。这些指标主要根据产品失效的统计数据,估计产品的失效概率,进而评价航空装备的安全性水平,适合于装备全寿命周期各阶段的安全性分析、评估与设计工作。

目前,虽然国内外在系统安全性评估方面进行了大量研究,并取得了大量研究成果,但这些安全性评估研究均将部附件的失效率和系统的失效概率作为一个确定性量来处理,没有考虑到实际工程中各种不确定性因素对部附件失效率的影响,因此有必要对不确定性部附件失效率条件下的系统安全性评估理论与技术做进一步的研究。

1.3 灵敏度分析研究现状

灵敏度分析是研究输出不确定性向输入变量的分配问题,也就是探究输出不确定性的来源。通过灵敏度分析可以按照输入变量对输出响应量不确定性的贡献大小给出输入变量的重要性排序。输入变量的重要性排序结果在模型分析中非常有用[60-65],可以协助模型分析人员以最小的经济和时间代价,减小模型输出的不确定性,从而提高模型预测的稳健性,也可以通过忽略不重要的不确定性变量以达到降维的目的。因此灵敏度分析是工程分析与建模过程中一项重要技术,并随着计算模型应用范围的不断扩大,越来越受到各个学科模型分析人员的高度重视。按照关注点不同,灵敏度分析方法大致可分为三类:局部灵敏度分析(local sensitivity analysis, LSA)、区域灵敏度分析(regional sensitivity analysis, RSA)和全局灵敏度分析(global sensitivity analysis, GSA),各个小类下面又包含多种方法。

1. 局部灵敏度分析

局部灵敏度最直接的定义为模型响应函数对输入变量在名义值点的偏导数。由于 LSA 计算效率高,且当模型响应函数为线性时可以反映全局灵敏度信息,因此得到了较为广泛的应用[61]。然而,对于非线性模型,LSA 仅反映了响应函数在局部点相对于输入变量的灵敏度信息,当输入变量维数较大时,它所遍历的空间相对于整个输入变量空间来说可以忽略[66],因此可能会错误地识别重要和不重要变量。

2. 区域灵敏度分析

RSA 方法首先由 Sinclair 于 1993 年提出[67],所发展的指标称为样本均值贡献(contribution to sample mean,CSM),Bolado-Lavin 等对该方法进行了进一步的发展和推广,并将其应用于一个核扩散模型[68]。由 CSM 可以求得每一输入变量的任意分布区域对模型输出期望的贡献。在此基础上,Tarantola 等提出了样本方差贡献(contribution to sample variance,CSV)以衡量输入变量不同分布区域对模型输出方差的贡献,并推导了均值比函数和方差比函数来衡量当输入变量的分布区间缩减时对应的模型输出期望和方差的变化[69]。

3. 全局灵敏度分析

相对于 LSA，输入变量的 GSA，又称为重要性测度。GSA 方法一般通过遍历输入变量的整个分布区域并计算输入变量对输出不确定性的影响来衡量输入变量的相对重要度。常见的 GSA 方法有扫描法[70-73]、方差灵敏度分析[73-79] 和矩独立灵敏度分析[80-84] 等。

扫描法通过采用基本效应(elementary effect，EE)遍历输入变量空间，探究输入变量的变化对模型输出的平均影响[70]，其中 EE 定义为输出变量相对输入变量的差分。该方法适用于维数较高且计算量较大的计算模型，其计算量随着输入变量维数、模型响应函数的非线性程度及交叉作用的增加而增加。

方差灵敏度指标与模型响应函数的高维模型展开和方差分解呈现一一对应的关系[66,78-79]。采用高维模型展开和方差分解，n 维模型响应函数的输出方差可以分解为阶数递增的 2^{n-1} 个偏方差项，其中一阶偏方差描述了各输入变量对输出方差的单独贡献，二阶偏方差描述了输入变量两两之间的交叉贡献，高阶偏方差描述了更多输入变量的交叉贡献。方差灵敏度指标中应用最为广泛的两个指标为主指标和总指标，其中主指标为一阶偏方差与总方差的比值，描述了输入变量的单独贡献，一个变量的总指标等于该变量的主指标与该变量与其余变量的各阶交叉贡献之和，描述了该变量的总贡献。由于方差灵敏度指标明确的物理性质和广泛的潜在应用，受到了各个学科领域研究人员的广泛关注和研究。其研究主要集中在两个方面，即相关输入变量下的方差灵敏度指标研究及其高效算法研究。

由于采用方差衡量模型输出的不确定性在很多情况下是不充分的，可能造成信息的遗失，为此，Borgonovo 将输入变量的灵敏度指标定义为该变量固定时引起的模型输出密度函数的平均变化量，这一指标称为矩独立灵敏度指标[84]。相对于方差灵敏度指标，矩独立灵敏度指标有两个方面的优势：其一，采用密度函数的变化来衡量模型输出的不确定性囊括了模型输出响应量的所有阶矩信息，不会造成信息的遗失；其二，该指标对模型输出变量的变换具有不变性，对于模型输出分布区域横跨若干数量级的问题，可以通过合理的非线性变换高效求解灵敏度指标[83]。因此，矩独立灵敏度指标受到了广泛的关注和研究。

经过三十余年的发展，虽然已经建立各种全局灵敏度分析指标和高效算法，解决了大量工程中遇到的结构机构的不确定性分析问题,但是,前期这些不确定性灵敏度分析主要以结构机构为研究对象,研究结构系统输入变量的不确定性对输出响应量或可靠性的影响,而很少拓展到动态系统的安全性层面,来对动态系统安全性的灵敏度问题进行研究。动态系统的安全性灵敏度分析主要是以动态系统输出变量(如系统失效概率、安全寿命和安全完整性水平下的系统失效概率)为研究对象,分析系统的输入变量(部附件的失效率)的不确定性影响问题。虽然文献[85]针对动态系统的不确定灵敏度分析问题,依据方差灵敏度分析的思想,分别从系统失效概率和系统正常工作时间两个方面对部附件的不确定性影响问题进行了研究,提出了基于方差的灵敏度分析指标及其高效算法,但这一指标仅从输出响应量的方差的角度衡量部附件失效率不确定性的贡献程度,必然存在大量不确定性信息的遗失问题。因此,有必要在前期研究成果的基础上,进一步对系统安全性的不确定性灵敏度分析问题进行探讨。

1.4 本书研究内容

针对不确定情况下系统安全性评估指标及其灵敏度分析中的一系列挑战问题,本书重点从以下 5 个方面展开研究:

1. 系统安全性评估指标及指标要求的确定方法

针对系统安全性评估指标问题,梳理了安全性的基本理论和工作思路,借鉴国内外军机和民航系统安全性工作有益做法,结合安全性工作实际情况,提出了系统安全性指标的理想特性,分析了现有安全性指标的特点,讨论了各类安全性指标的适用范围。在此基础上,研究分析了系统安全性指标要求的确定原理、依据及基本步骤,为进一步开展不确定性条件下的系统安全性灵敏度分析研究奠定理论基础。

2. 基于失效概率的动态系统安全性不确定性分析

针对系统安全性的不确定性分析问题,研究了系统底层部附件失效率不确定性的正向传递方法,探讨了不确定性失效概率的特点和规律;借鉴 Borgonovo 矩独立重要性测度分析的基本思想,从系统工作时间给定和在一个区间变化两个方面,提出了不确定性部附件失效率的重要性测度,用来分析部附件失效率不确定性对动态系统失效概率的影响;为了降低指标的计算成本,将稀疏网格技术和 Edgeworth 级数方法相结合,建立了重要性测度指标的高效求解算法。

3. 安全寿命的系统安全性不确定性分析

针对系统安全性的不确定性分析问题,研究了系统底层部附件失效率的不确定性传递到系统安全寿命的基本方法,探讨了不确定性条件下系统安全寿命的特点和规律;借鉴 Borgonovo 矩独立重要性测度分析的基本思想,利用系统安全寿命的分布函数能够反映其完整不确定性信息这一特点,提出了一种基于系统安全寿命的矩独立重要性测度,用来分析系统部附件失效率的不确定性对系统安全寿命的影响。针对重要性测度指标计算成本过高的难题,将自适应学习函数和 Kriging 代理模型相结合,建立重要性测度指标的高效求解方法。

4. 安全性要求下系统失效概率的灵敏度分析

针对部附件失效率的不确定性对安全性要求下系统失效概率的影响问题,探讨了安全性要求下系统失效概率的取值规律及特点;借鉴 Borgonovo 矩独立重要性测度分析的基本思想,提出了一种新的基于安全性要求下系统失效概率的灵敏度指标,用来衡量部附件失效率的不确定性对安全性要求下系统失效概率的影响程度。针对指标的求解成本过高问题,将贝叶斯理论与 Kriging 自适应代理模型相结合,提出了指标的高效算法。

5. 安全完整性水平要求下安全系统灵敏度分析指标的求解方法研究

针对文献[86]所提的安全完整性水平下安全系统灵敏度指标求解方法存在求解不稳定、不准确和计算成本过高的难题,提出了一种基于数字仿真技术和偏导数解析法的灵敏度指标高效求解方法。通过偏导数解析法推导出灵敏度指标中的偏导数解析表达式,解决了有限差分法由于步长设定不合适而引起的数据不稳定和结果不准确的问题。采用单循环蒙特卡罗方法,减少功能函数的调用次数,有效节约了计算成本和计算时间。

根据上述不确定情况下系统安全性及其灵敏度分析的研究内容,本书的总体框图如图 1.1 所示。

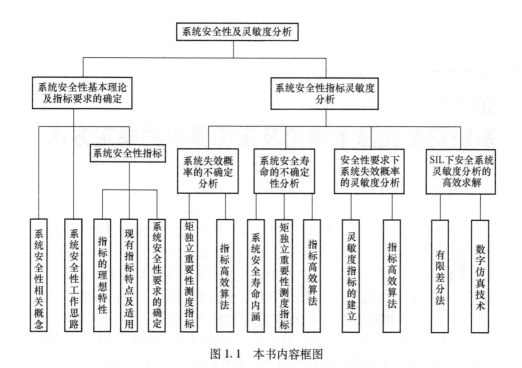

图 1.1 本书内容框图

1.5 小结

本章简要介绍了本书所作研究的背景和意义、系统安全性理论及灵敏度分析的发展,简单列出了本书将要介绍的系统安全性重要性测度分析方法。以后章节将分别给出系统安全性输入变量重要性测度指标的建立及求解过程。

第2章
系统安全性基本理论及指标要求的确定方法

　　系统安全性指标是用来度量系统安全性程度的方法。主要涉及两方面的内容：一是建立用来衡量系统安全程度的参数；二是对安全性参数进行量化，即安全性参数的求解。在系统安全性工程中，安全性指标具有非常重要的地位和作用，它是系统安全性定量分析、设计与评估的基础和前提。一方面，根据系统安全性指标，运用各种系统安全性分析方法，可以确定系统安全性的定量要求；另一方面，根据系统安全性指标，可以对实际系统的安全性程度进行评估。本章系统梳理了系统安全性的基本理论、工作思路和常用的安全性指标，探讨了系统安全性指标的理想特性、现有指标的特点和适用范围，研究了系统安全性指标要求的确定原理、依据及基本步骤，为后期的不确定性条件下的系统安全性灵敏度分析研究奠定理论基础。

2.1　系统安全性基本概念

2.1.1　相关概念

1. 安全

　　GJB/Z 99-97《系统安全工程手册》[3]中规定安全为不发生可能造成人员伤亡、职业病、设备损坏、财产损失或环境损害的状态。GB/T28001-2001《职业健康安全管理体系规范》中规定安全为免除不可接受的损害风险的状态。

2. 风险

GJB900《系统安全性通用大纲》[2]中规定风险为用危险可能性和危险严重性表示发生事故的可能程度。风险又可分为可接受风险和不可接受风险。进行风险评价的方法一般分为定性方法和定量方法。

3. 危险

GJB900《系统安全性通用大纲》中规定危险为可能导致事故的状态。GB/T28001-2001《职业健康安全管理体系规范》中规定危险为可能导致伤害或疾病、财产损失、工作环境破坏或这些情况组合的根源或状态。

4. 安全性

安全性是产品所具有不导致人员伤亡、系统毁坏、重大财产损失或不危及人员健康和环境破坏的能力[39]。同时,安全性还是产品在规定条件下,在最小事故损失条件下,发挥其功能的一种能力[1]。安全性是各类装备的一种固有属性,是通过设计赋予、制造实现、验证表明、维修保持的一种固有属性[3]。

5. 可靠性

可靠性是指产品在规定条件下和规定时间内完成规定功能的能力[87]。它是系统的设计特性之一,主要考虑在平时的自然环境下可能出现的故障所产生的影响,用于度量系统无需保障的工作能力[88]。

6. 适航性

适航性是指航空器包括其设备以及子系统整体性能和操作特性在预期运行环境和使用限制下的安全性和物理完整性的一种品质。这种品质要求航空器应始终处于保持符合其型号设计和始终处于安全运行的状态[58]。

适航性是一种国际化的、公众所能接受的最低安全要求[89],其核心是系统安全性,同时还与可靠性、维修性、结构、性能、实用性等有着密切的联系。航空器取得适航证只能说明它具有安全使用的性质,但能否安全使用,还取决于使用后的其他因素。

7. 系统安全性

系统安全性是以效能、进度和费用为约束条件,在系统寿命周期内的各阶段中,采用系统分析的方法和管理原则及工程工具,识别、评价、消除或控制系统和设备中的危险,从而使产品具有最佳的安全程度[90]。

2.1.2 安全性与可靠性

安全性和可靠性之间紧密相关,但又有一定的区别或矛盾。可靠性和安全性都是飞机的质量特性之一,都是产品的一种固有品质。产品可靠性差,软硬件发生故障的概率增多,导致飞机的安全性可能降低。所以可靠性与安全性密切相关,可靠性是安全性的基础,但它们之间也有区别。它们之间的区别主要可概括为以下4个方面:

一是定义不同。可靠性是指产品在规定的条件下,规定的使用时间内,完成规定功能的能力。安全性是产品在规定的条件下,在最小事故损失条件下发挥其功能的一种能力。

二是关注点不同。可靠性所关注的是故障,故障可能使系统丧失一些功能,是针对系统的功能而言的。而产品安全性关注的是事故、隐患或危险。事故与损失直接相关,无论是人的伤害,还是财产或设备的损失损坏,乃至环境的破坏,都是事故导致的后果,因此它是针对系统的损失而言的,其技术核心是危险分析。以燃油系统为例,由于系统故障引起漏油是可靠性问题,但在高温区漏油或燃油蒸汽过浓,邻近电气系统又出现火花,因而引发火灾,则是安全性问题。设法不引起火灾或引起火灾而能告警并自动灭火则是安全性设计。漏油过多,影响飞行任务,而且飞行员没有得到大量漏油的信息,就影响飞行安全。如果飞行员从油量显示系统中能发现大量漏油,因而及时采取措施,就可保证飞行安全。针对这类安全性故障,通过采取设计措施预防事故的发生,就是安全性设计的目的。

三是分析技术不同。可靠性采用的技术核心是失效分析;安全性的技术核心是危险分析。比如:在失效模式及影响分析(FMEA)方法中,从可靠性和安全性角度看,这种方法的应用也存在差异。针对产品可靠性的分析主要是考虑失效的影响,即预测失效的可能性及对产品功能的响应,并力求找到合理的方法控制失效;而安全性分析虽然利用同样的信息,但其更关注系统的失效是否成为系统的危险,并可能导致事故的发生。由此可见,虽然是同一方法,但在可靠性分析和安全性分析中,由于分析时关注重点不同,因此所得到的结论也有所不同。

四是系统可靠但不一定安全。例如"未采取任何绝缘措施而裸露在外的导电线,虽然可以正常实现电路的传输功能,但在工作过程中,如果人不慎接触到带电的导线,就可能会引发触电事故,导致人员伤亡。"通过这个例子可以看出,即使系统具有良好的可靠性,但不能完全保证系统的安全性。因此,在装备系统的设计阶段仍不可忽视对可靠性良好系统的安全性管理。

2.1.3　民、军机系统安全性的区别与联系

民、军机系统安全性在各自的发展过程中不断融合,民机虽然在安全性方面发展比较晚,但发展速度非常快。军机根据自身的特点,不断学习借鉴和吸收民机的系统安全理念,发展和完善军机的系统安全理论与技术方法。它们之间的区别与联系主要体现在以下3个方面。

一是目的相同。民、军机开展系统安全性工作的目的都是为了提高飞机的安全水平,在这一点上它们是完全一致的。二是理论方法相同。民、军机开展系统安全性工作,都采用系统工程的思想和方法。三是工作思路不同。目前的系统安全性工作的思路存在基于风险的方法和基于目标的方法两类不同的流派。特别是在航空工业领域,这两种方法的区分非常明显。前者的工作思路是以风险为核心,在允许的范围内,使系统的残余风险尽可能的低,美国的 MIL-STD-882E、英国的 DEF STAN 00-56 和我国的 GJB900 都是按照这一思路来指导安全工作的;后者的工作思路是设定一个定量或定性的安全性指标,首先通过自上而下指标分配的形式来开展安全性分析工作,然后再通过自下而上的形式来对安全性指标进行评估,验证所设计的系统是否满足安全性指标要求。美国机动车工程师协会制定的 ARP 4761 就是按照这一思路开展安全性工作的。

基于风险的方法是在装备的寿命周期内,通过持续的安全性工作,其作用恰似一个过滤器,逐步将风险降低到可接受的程度。究竟残余风险是否可接受,由合同双方共同协商确定。英国军用标准中将可接受的风险解释为"在合理可行的范围内尽可能的低(as low as reasonably practicable, ALARP)"的风险,其本质上是一致的。基于风险的方法可以分为5个基本步骤:

(1) 辨识危险:设法找出所有可能的危险;

(2) 分析危险:分析危险可能导致的事故严重程度,确定危险严重性;

(3) 量化危险:确定危险导致事故的可能性(发生概率),即危险可能性;

(4) 从危险可能性和严重性的角度,评估危险可能导致的风险大小;

(5) 风险追踪与管理。

实际上,系统安全性工作是一个不断迭代、反复推进的过程。通过风险评

估、分析对系统安全性影响大的因素、通过设计提高系统安全性等过程的不断迭代,最终将风险降低到可接受的程度。

基于目标的方法是以目标进行驱动的。在开展安全性分析工作时,首先确定一个总体目标;然后将这一目标分解到各分系统或部件中,并导出相应的安全性设计要求;最后,验证最终设计是否能够满足指标要求。这一指标可以是定性的,也可以是定量的。比如以飞机为例,可设定其总体目标为"每飞行小时出现严重事故的次数为 1×10^{-7}。"对于某个简单的系统,其安全性目标可以为"不存在单点故障"。该方法的工作流程可以分为以下 4 个基本步骤:

(1) 辨识出所有可能的危险场景;

(2) 分析这些危险场景对系统的影响,确定危险场景的严重性;

(3) 根据危险场景的严重性,确定对应的安全性目标;

(4) 验证安全性目标已经实现。

相对于基于风险的方法,该方法的优势在于:一是安全性目标明确。安全性目标的设定依据比较客观,容易得到认可。例如,飞机的安全性目标设定就是根据历年来飞机事故率的统计结果而推导出来的,除了得到合同双方认可之外,容易得到公众认可。而在基于风险的方法中,其风险接受准则需要合同双方协商确定,第三方无从得知决策过程,公众接受程度低。二是对于系统设计方而言,安全性指标分配和验证的思路实现起来更为容易。但是,该方法也存在一些明显的缺陷:一是在很多情况下,过于关注危险场景的发生概率,对危险场景的严重性关注不多;二是主要考虑系统故障,容易忽略其他方面的危险,如由于误操作导致的危险、各种危险材料导致的危险等。

2.2 系统安全性工作的基本思路

系统安全性是通过一系列安全性工作来实现。这些安全性工作之间的关系可以简单地用图 2.1 来描述。由图 2.1 可以看出,系统安全性工作流程可以概括为以下 4 个步骤:一是要根据系统的实际情况,确定系统安全性要求;二是依据系统的安全性要求,设计出满足安全性要求的系统;三是根据设计的实际系统构型,对系统的安全性进行评估;四是判断所设计的系统是否满足所提的安全性要求,如果满足要求,则安全性设计完成,否则需要对系统进行重新设计或进行优化,直到满足安全性要求。

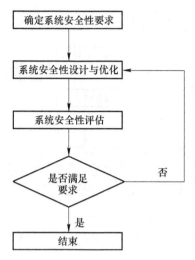

图 2.1 系统的安全性工作的基本思路

以上是系统安全性工作的基本思路。在实际工作中,由于系统结构一般都很复杂,使得这一过程变得非常复杂。尤其对现代的武器装备而言,随着高新技术在武器装备领域的广泛应用,现代武器装备的各项性能在不断提升的同时,系统结构也变得越来越复杂,影响装备安全性的因素也在不断增多。因此要保证装备系统具有很高的安全性水平,就必须采用系统工程的思想和方法,在装备系统的研制阶段分级开展系统安全性工作。下面以军用飞机为例,对系统安全性工作过程进行说明。

军用飞机研制生产划分为立项论证、方案设计、工程研制、设计定型、生产定型和批量生产 6 个阶段,国军标中明确了各阶段的工作和验收项目。当前美空军已经运用原美国汽车工程师协会(Society of Automotive Engineers,SAE)先后颁布了 ARP 4754《关于高度综合或复杂飞机系统的合格审定考虑》[91] 和 ARP 4761《民用飞机机载系统和设备安全性评估过程的指南和方法》[92] 中的飞机安全性评估理念和做法来开展安全性工作,将其思想与军机研制过程相结合,可以归纳总结出如图 2.2 所示的军机安全性工作与其研制阶段的对应关系。

由图 2.2 可以看出,在飞机研制生产不同阶段,所开展的安全性工作是不同的。立项论证阶段:在进行规章、性能结构和主要特征论证的同时,开展整机级功能危险分析(aircraft functional hazard assessment,AFHA),确定飞机整机的安全性要求。方案设计阶段:在进行功能性需求和系统结构设计的同时,开展系统

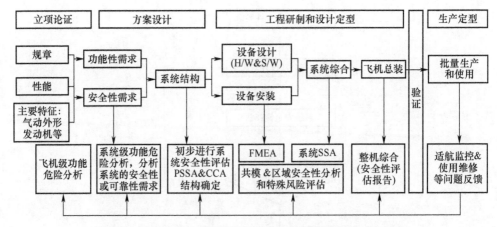

图 2.2　军用飞机安全性评估工作与飞机研制阶段的对应关系

级功能危险分析(system functional hazard assessment,SFHA),确定系统的安全性要求和对安全性指标进行分配。工程研制和设计定型阶段:主要开展失效模式及影响分析(FMEA)、故障树分析(FTA)和共模分析(CMA)等系统安全性分析工作,评估实际的设计是否满足确定的安全性要求。生产定型、批量生产和使用阶段:通过适航监控和使用维修等问题反馈,获得安全性信息,作为安全性评估的输入并进行安全性评估,为安全性改进或制定安全性措施提供依据。

　　为处理好安全性评估工作与设计定型考核工作的协调关系,避免不必要的重复,各阶段安全性工作的目标可总结归纳为以下几个方面,如图 2.3 所示。立项论证阶段:通过安全性分析,提出整机安全性目标、要求,并将其纳入研制总要求。方案设计阶段:分配安全性指标,确定安全性审查(评估)基础。工程研制阶段:提出安全性设计准则及要求,纳入系统规范,形成设计和评估要求。设计定型阶段:由审查方和承制方确定符合性评估方法和审查计划。生产定型阶段:结合型号研制工作开展安全性审查与验收工作。

　　SAE ARP4761 推荐的飞机系统安全性工作技术流程如图 2.4 所示,该流程总结了安全性工作需采用的技术方法。首先通过功能危险分析(FHA)自上而下确定飞机的危险顶事件、安全性设计标准和审定基础,确认其分析的深度和广度;利用失效模式及其影响分析(FMEA)等工具,自下而上对部件、分系统、系统的故障模式,及其危害进行分类,并获得相应的数据,输入到已建好的故障树和事件树模型;利用故障树(FTA)和概率风险评估工具,得到量化指标;最后通过共因分析(CCA),深层分析评估飞机的安全性。

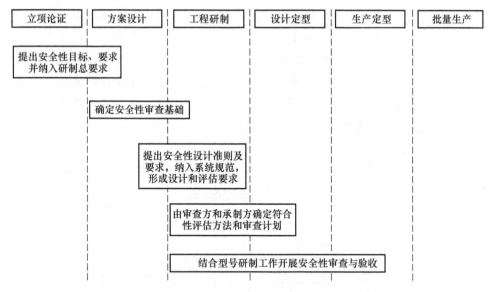

图 2.3　军用飞机安全性评估目标与飞机研制阶段的对应关系

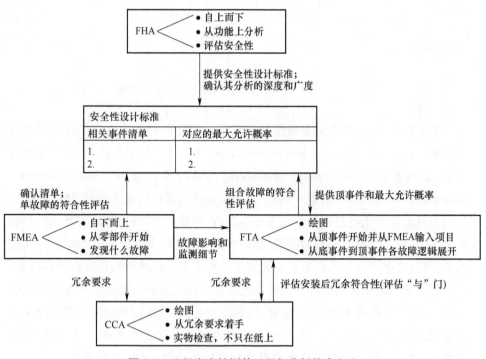

图 2.4　飞机安全性评估过程与分析技术方法

根据上述分析,借鉴美军做法,结合军机安全性工作实践,军机系统分级安全性工作的总体思路可以采用如图 2.5 所示的"V"字图来描述。由图 2.5 可以看出,军机的系统安全性工作可分为左右两部分,"V"字图的左半部分表示安全性分析与设计过程,主要用来确定整机级、系统级和部附件级的系统安全性要求;"V"字图的右半部分表示安全性分析评估验证过程,主要用来评估分析实际的系统安全性是否满足确定的系统安全性要求。

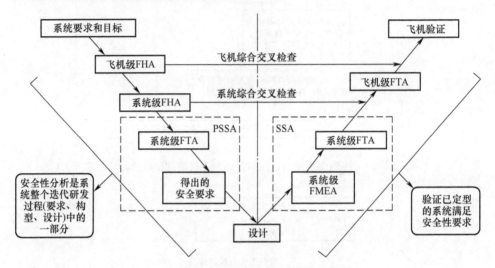

图 2.5　军机系统安全性分析评估工作总体思路

为了便于分析,军机的安全性要求采用分层分配的方式。首先进行军用飞机功能危险分析(functional hazard assessment, FHA)。军用飞机 FHA 可分为飞机级(aircraft functional hazard assessment, AFHA)和系统级(system functional hazard assessment, SFHA)两个层次。AFHA 是将飞机整机视为研究对象,研究在飞机设计的整个飞行包线和不同飞行阶段内,可能影响飞机持续、安全飞行的功能故障,是在飞机设计的初始阶段(概念设计阶段)对飞机的基本功能进行高层次的分析,它必须对与飞机整机功能有关的所有潜在故障状态进行识别和分类。

进行整机级系统安全性分析应首先根据军用飞机特点确定系统安全性指标要求;了解飞机的基本参数、功能要求;制定功能清单,依据功能清单假设影响功能实现的失效状态;运用 FHA 定性地分析顶层失效状态的影响、严酷等级和允许发生的概率;最后对各类失效状态进行系统安全性分析,包括运用 FTA 或类似技术方法进行安全性指标分配,运用 FMEA 检验故障树中所有元素(也称失效状态)发生概率是否合理。同时,整机级系统安全性分析还要根据飞机的功能要求进行特定风险分析(PRA)和区域安全性分析(ZSA),描述这些风险对飞机继续安全飞行和着陆的影响和减少风险的措施。PRA 和 ZSA 需要使用 FTA 和 FMEA,但主要是定性分析。整机级系统安全性分析的具体流程如图 2.6 所示。

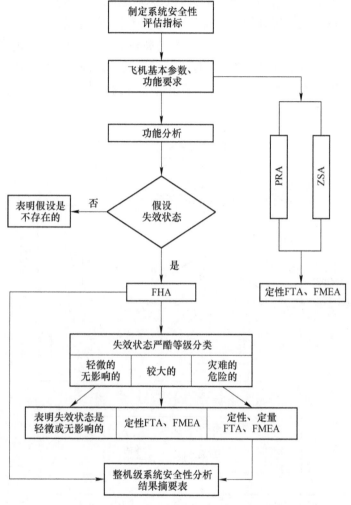

图 2.6　整机级系统安全性分析流程图

其次进行系统级的安全性分析,分配安全性指标要求。军用飞机的系统级安全性分析是在系统、分系统层面对能够影响整机安全功能的失效状态进行的系统分析,包括分析系统、分系统功能失效的影响及其影响程度,确定各分系统的安全性指标要求等。

系统级安全性分析与整机级安全性分析过程相似,但稍有区别。进行系统级安全性分析首先需要依据整机级安全性分析的结果和系统的基本参数、功能要求,总结系统可能出现的失效状态清单,结合系统的功能要求制定系统的功能清单;对照功能清单进行 FHA,判断失效状态对系统或飞机安全的影响程度;对各严酷等级的失效状态进行相应的定性、定量分析,估计发生概率,提出安全性要求。在分析方法上,系统级安全性分析与整机级的不同在于:系统级不仅要进行 PRA 和 ZSA,还需对灾难性的和危险性的失效状态进行 CMA,以此来分析故障树中"与门"事件和"与门"事件下的组合失效的独立性。系统级安全性分析的流程如图 2.7 所示。

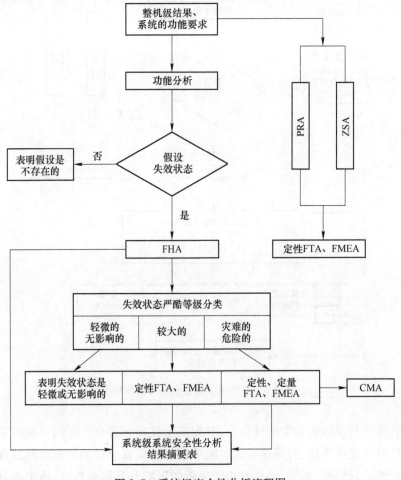

图 2.7 系统级安全性分析流程图

从图 2.7 中可以看出系统级安全性分析的输入是整机级安全性分析的结果,因此系统级安全性分析的信息流来源于整机级系统安全性分析的结果和系统的基本参数、功能要求。然后信息分为两部分,终止于系统级安全性分析结果摘要表和 PRA、ZSA、CMA 的分析文件。

最后进行飞机系统安全性评估过程,飞机系统安全性评估分为系统级安全性评估和整机级安全性评估。系统级安全性评估是系统级安全性分析的逆向过程,是在系统级安全性分析所建立故障树的基础上,利用供应商、子供应商给出的部附件的安全性、可靠性数据来评估系统、分系统的失效模式是否达到系统可靠性、安全性要求。

系统级安全性评估过程与整机级评估过程采用基本相同的方法,两者的区别在于:一是系统级安全性评估需要进行失效模式及影响评估(FMES);二是严酷等级为灾难的和危险的失效状态需要进行定量 FTA 和 CMA。系统级安全性评估的流程如图 2.8 所示。

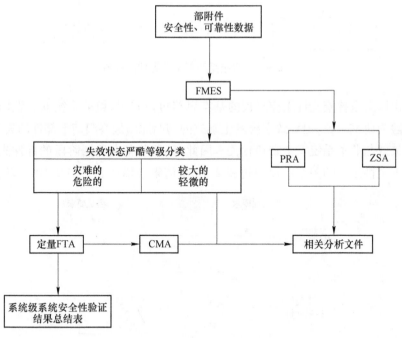

图 2.8 系统级安全性评估流程图

整机级安全性评估是整机级安全性分析的逆向过程。民用飞机系统安全性评估过程没有飞机层面的评估,最高只有系统层面的评估。进行整机级安全性评估须先获得系统级安全性评估的结果。对严酷等级为灾难的和危险的顶事件,需要汇总整机级故障树灾难的和危险的底事件的发生概率,定量地判断顶层失效状态是否满足安全性要求;对严酷等级为较大的和轻微的顶事件则需要相关分析文件来评估。整机级安全性评估还需要给出 PRA、ZSA 的分析结果文件,以表明出现特殊情况后不会影响飞机继续飞行或安全着陆。整机级安全性评估的具体流程如图 2.9 所示。

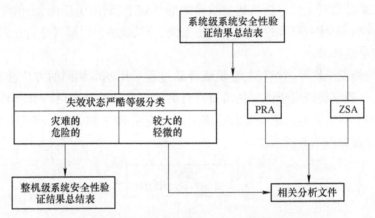

图 2.9　整机级系统安全性评估流程图

由以上系统安全性工作过程的基本思路可以看出,虽然系统安全性以事故和危险为研究对象,但导致系统发生事故的初始原因最终归结于部件的失效,即部件失效与装备系统安全密切相关。因此,武器装备在研制阶段的部件失效与系统安全性之间的关系可以通过图 2.10 来清晰地描述。由图 2.10 可以看出,

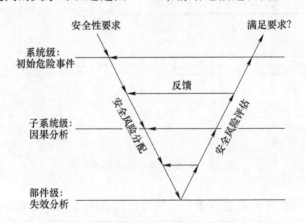

图 2.10　部件失效与系统安全性之间的关系

装备系统安全性工作呈现 V 形过程,在 V 字形的左半边,是系统安全性分析与设计过程,主要工作是提出系统、分系统和部附件的安全性要求;在 V 字形的右半边,是系统安全性评估过程,评估所设计的系统是否满足所提的安全性要求。

2.3 常用的安全性指标

在实际工程中,系统安全性的定量分析与评估是系统设计工作的一项重要内容。要开展安全性定量分析与评估,首先要建立相应的安全性指标。安全性指标是用来度量安全性程度的方法。目前用来度量系统安全性程度的指标很多,概括起来主要分为三类:一是通用安全性指标,主要从事故的角度衡量系统的安全性程度[25,39];二是风险安全性指标,主要通过危险的严重性和危险的可能性两个方面衡量系统的安全性程度;三是与可靠性相关的安全性指标,主要采用与系统安全性密切相关的可靠性指标衡量装备系统的安全性程度。

2.3.1 通用安全性指标

(1) 平均事故间隔时间(mean time between accident,MTBA),在规定的条件下和规定的时间内,系统的寿命单位总数与事故总次数之比。

$$T_{BA} = \frac{N_{T1}}{N_A} \tag{2.1}$$

式中:T_{BA} 为平均事故间隔时间(h);N_{T1} 为寿命单位总数,通常用工作时间或飞行小时等表示;N_A 为事故总次数。

(2) 事故率或事故概率(accident rate or accident probability,AR 或 AP),在规定的条件下和规定的时间内,系统的事故总次数与寿命单位总数之比。

$$P_A = \frac{N_A}{N_T} \tag{2.2}$$

式中:P_A 为事故率或事故概率,单位为次/单位时间或百分数(%);N_A 为事故总次数;N_T 为寿命单位总数。

(3) 安全可靠度(safety reliability,SR),在规定的条件下和规定的时间内,在系统执行任务的过程中,不发生由于系统或设备故障造成的灾难性事故的概率:

$$R_S = \frac{N_W}{N_{T2}} \qquad (2.3)$$

式中: R_S 为安全可靠度(%); N_W 为无由于系统或设备故障造成的灾难性事故执行任务的次数; N_{T2} 为用飞行次数、工作循环次数等表示的寿命单位总数。

安全可靠度不同于事故概率,安全可靠度关注的是灾难性事故,而不考虑其他严重等级的事故(如严重事故、轻微事故等)。并且,安全可靠度衡量的时间范围为系统的工作时间,而不是系统的寿命。

(4)损失率或损失概率(loss rate or loss probability,LR 或 LP),在规定的条件下和规定的时间内,系统或设备的灾难性事故总次数与寿命单位总数之比。

$$P_L = \frac{N_L}{N_T} \qquad (2.4)$$

式中: P_L 为损失率或损失概率,单位为次/单位时间或百分数(%); N_L 为由于系统或设备故障造成的灾难性事故总次数; N_T 为寿命单位总数,表示系统总使用持续期的度量,如工作小时、飞行小时、飞行次数或工作循环次数等。当寿命单位 N_T 用时间,如工作小时、飞行小时表示时, P_L 称为损失率;当寿命单位 N_T 用次数,如飞行次数或工作循环次数表示时, P_L 称为损失概率。

损失率或损失概率是事故率或事故概率的特例,前者只关注的是灾难性事故,而后者包括所有类型的事故。对于同一个系统或部件,通常情况下 $P_L \leqslant P_A$。

2.3.2 风险安全性指标

当系统处于危险状态时,既可能转化为安全状态,也可能导致事故。对于安全性程度不同的系统,在相同的条件下,系统从危险状态演变成事故的可能程度和严重程度是不同的。为了综合度量系统的安全性程度,就要同时考虑系统从危险状态转化成事故的可能性程度和严重性程度,为此引入了安全性度量指标"风险"。风险是国内外最常用的安全性度量指标,如美国、英国和澳大利亚、NASA 和 ESA 等均采用事故风险来度量系统的安全性。风险包括危险的严重性和危险的可能性,表2.1和表2.2列出了一种危险严重性和可能性等级的划分标准[90]。

表 2.1　危险严重性等级划分

严酷等级	严重程度定义
I(灾难的)	人员死亡或系统报废
II(严重的)	人员严重受伤、严重职业病或系统严重损坏
III(轻度的)	人员轻度受伤、轻度职业病或系统轻度损坏
IV(轻微的)	轻于 III 级的损伤

表 2.2　危险可能性等级划分

等级	发生程度	个　　　体	总　　　体
A	频繁	频繁发生	连续发生
B	很可能	在寿命期内会出现若干次	频繁发生
C	有时	在寿命期内可能有时发生	发生若干次
D	极少	在寿命期内不易发生	极少发生,预期可能发生
E	不可能	很不容易发生,在寿命期内可能不发生	极少发生,几乎不可能发生

　　在危险严重性等级和危险可能性等级的基础上,通过绘制风险评估指数矩阵,可以定性和半定量地度量系统的安全性,从而判断该类风险是否可以接受。表 2.3 为风险评估指数矩阵的一种范例。

　　在表 2.3 所示的矩阵中,数字 1~5 为高风险,数字 6~9 为严重风险,数字 10~17 为中等风险,数字 18~20 为低风险。能否接受各个等级的风险,需要由相应级别的管理方或者使用方来决定。

表 2.3　风险评估指数矩阵

危险概率	危险严重性			
	灾难的	严重的	轻度的	轻微的
频繁	1	3	7	13
很可能	2	5	9	16
有时	4	6	11	18
极少	8	10	14	19
不可能	12	15	17	20

　　美国军用标准 MIL-STD-882D 也对安全性的风险进行了定义,形式与表 2.1 和表 2.2 类似,与我国军用标准 GJB 900-90 相比,其不同的是:①美军标在事故严重性中,规定了各严酷等级下环境影响和经济损失,而我国军标却没有给

出这方面的规定;②美军标在事故概率中定性、定量地规定了各等级下事故发生的可能性,而我国军标只做了定性规定。

2.3.3　与可靠性相关的安全性指标

安全性与可靠性之间的关系非常密切,可靠性低的系统容易导致系统失效,致使系统处于故障状态,甚至可能影响系统的安全。若飞机的关键系统和部件可靠性低,将会对飞机的安全性产生致命的影响。因此,可以利用关键系统和部件的可靠性指标,对系统的安全性程度进行分析。与可靠性有关的安全性指标主要有系统的故障概率、部附件的故障率等。

(1) 故障概率:在规定条件下,在规定的时间内,产品丧失规定功能的概率[93]。

$$F(t) = P(\xi \leqslant t) \tag{2.5}$$

式中:$F(t)$ 为故障概率(不可靠度);t 为规定的工作时间;ξ 为产品的故障前工作时间。

(2) 故障率:工作到某时刻尚未故障的产品,在该时刻后单位时间内发生故障的概率。

在实际应用中,失效有时也称为故障,特别是对硬件产品而言,两者很难区分,但它们之间仍存有细微的差别。第一,故障是对可修复系统或部件未能完成规定功能的统称,而失效是对不可修复系统或部件未能完成规定功能的统称,两者的本质是一样的。第二,对于硬件设备来说,故障是一种状态,通常是产品本身失效后的状态,但也可能在失效前就存在,而失效是一个事件,是故障的具体体现,当出现故障时可能产生失效。在国外的系统安全评估过程中[92],故障与失效是两个不同的概念,使用时机也不同,因此要区别对待。在系统安全性评估中,对失效的定义要比在可靠性中的定义广泛,通常包括[51]:

(1) 失效等同于特殊的危险;

(2) 硬件的失效等同于危险;

(3) 软件的失效等同于功能障碍;

(4) 由于不当的操作行为和错误的操作规程而带来机器的不安全功能;

(5) 设计中的人为差错;

(6) 由于一系列的未计划事件、行为或操作状态而带来的意外操作;

(7) 污染环境。

2.4 系统安全性指标的选择

2.4.1 系统安全性指标的理想特性

为了能够有效度量系统安全性的程度,系统安全性指标应该具有一定的特点和性质。依据系统安全性分析、设计与评估工作的特点,借鉴美军和国际民航业在系统安全性工程中的实践经验,系统安全性指标的理想特性可归纳为以下几点:

(1)定量性。系统安全性指标应该是能够对真实物理系统的安全性水平进行定量评估的数学模型,这属于系统安全性指标的基本特性。

(2)通用性。系统安全性指标既能够表征系统安全性水平的大小,又能够充分利用可靠性、维修性、保障性和测试性等实验数据和经验数据开展系统安全性工作。

(3)系统性。系统安全性指标既能够用来对系统和分系统的安全性水平进行度量,又能够用来表征部附件的安全性程度,且各层次指标之间可以通过简单运算相互转换。

(4)阶段性。系统安全性指标应该适合于寿命周期各个阶段的安全性工作,且便于使用方和承制方制定系统安全性指标要求或安全性目标。

2.4.2 现有系统安全性指标的特点分析

为了选择出有效且便于实际操作的安全性指标,根据系统安全性指标的理想特性,对现有系统安全性指标的特点进行分析。

1. 定量性

由2.3节常用系统安全性指标的定义可以看出,无论是通用安全性指标、风险安全性指标,还是与可靠性有关的安全性指标,它们都可以通过收集相应的数据,计算出指标的定量结果,因此它们都有定量性的性质。

2. 通用性

虽然 2.3 节所述的系统安全性指标都能够表征系统安全性水平的高低,但只有失效概率能够兼顾安全性、可靠性和保障性等装备质量特性的性质。此外,国内外经过多年的实践经验积累,装备部附件的可靠性数据已经比较完善,利用这些数据,依据系统的功能和结构函数,运用概率统计方法,可以估计出系统的失效概率,而系统的失效概率与系统安全性密切相关,如果对这些数据进行适当的筛选和处理,可以用来对系统安全性进行分析、设计和评估。因此,只有失效概率满足指标通用性这一基本特性。

3. 系统性

根据 2.3 节的常用系统安全性指标的定义,事故率(事故概率)、损失率(损失概率)、安全可靠度和平均事故间隔时间适用于整体和系统层次;而失效概率可用来表示飞机、系统、部件在单位时间内发生事故的可能性,因此它适用于整体、系统、分系统、部件层次的安全性定量分析与评估。对于大部分部附件而言,它们的失效概率可以通过历史数据和实验数据直接获得,而且分系统、系统和整体的失效概率是可以通过各种安全性分析模型(如故障树)来进行求解。如果系统安全性分析较为全面,那么各层次的安全性水平是可以精确求解。因此,常用安全性指标中的失效概率最满足指标系统性要求。

4. 阶段性

在装备全寿命周期内,虽然常用的安全性指标都可以用来分析装备系统安全性水平,但它们并不是适合于寿命周期的各个阶段。例如,在装备论证、方案阶段,通过功能危险分析,可以提出初步的系统安全性指标要求,如某型飞机在寿命周期内的安全可靠度为 99.99%。在工程研制、设计定型阶段,随着装备研制的不断深入,依据系统安全性指标可提出系统、分系统层面安全性要求,如发动机的损失概率为 98%。在使用、维护保障阶段,可测量实际系统安全性的指标值,用以检验装备的实际安全性水平是否达到预期的安全性要求。而如果以失效概率作为安全性指标,则可以在装备立项论证阶段,依据装备功能危险分析的结果,提出装备整机级安全性要求;在方案阶段,随着装备研制的不断深入,可以在整机级安全性要求的基础上,对其进行指标分配,从而确定系统级、分系统级和部附件级的安全性要求,从定量的角度指导装备的系统安全性设计工作;在工程研制和设计定型阶段,可以利用可靠性、保障性等相关数据,对装备系统的安全性水平进行评估。因此,采用失效概率作为系统安全性指标满足指标的阶段性特点。

2.4.3 系统安全性指标的选择

通过对现有常用系统安全性指标的特点分析,各种安全性指标在系统安全性设计分析与评估过程中的适用情况见表2.4。

表2.4 装备系统安全性指标的适用情况

参数名称	指标的理想特性						
	定量性	通用性	阶段性	整机级量化	系统级量化	分系统级量化	元件层量化
平均事故间隔时间	△	○	○	★	★	△	
事故率(事故概率)	△	○	○	★	★	△	
安全可靠度	△	○	○	★	★	★	
损失率(损失概率)	△	○	○	★	★	★	
失效概率	★	★	★	★	★	★	★

注:★——优选指标;△——适用指标;○——部分适用指标。

由2.4.2节和表2.4可以得出以下结论:

一是部分安全性指标不能满足装备系统安全性指标通用性和阶段性的要求,但失效概率满足。虽然所有指标都满足整机级安全性的量化要求,且部分安全性指标可在整机层、系统层、分系统层来表征系统安全性,但只有失效概率适用于系统所有层面,最适合成为装备系统安全性的度量指标。

二是在实际工作中,由于我国没有采集所有装备的安全性数据,因此还无法统计分析装备系统的所有通用安全性指标。目前,空军在安全方面统计的数据主要包括:每年的飞行事故起数、地面事故起数、事故征候起数、飞行事故万时率、地面事故万时率、飞行事故征候万时率等;在质量和可靠性方面统计的数据有:每年较大质量问题起数、每台发动机工作时间、故障次数、大修次数等。这些数据可以通过飞行时间、飞行次数等数据转换为常用的安全性参数,但都停留在整机和特定的系统层面,而更低层面的系统安全性水平则无法统计。因此,如果以这些通用安全性指标作为装备系统安全性指标,则由于可操作性差而不适合。

三是与通用安全性指标相比,与可靠性有关的安全性指标中的失效概率具有很大的优势。早在20世纪50年代,美国开始对电子设备可靠性进行研究,开启了可靠性工程的大门[94]。到如今,可靠性工程的研究对象从电子产品扩大到机械等非电子产品,从硬件到软件,从零部件到分系统再到系统或复杂装备[95]。随着可靠性工程的不断发展,可靠性数据也在不断地积累,这为可靠性理论和技术的应用奠定了良好的基础。与此同时,我国可靠性工程经过多年的发展,也积累了不少可靠性数据,相对通用安全性指标的数据积累情况,失效概率情况更佳。因此,将失效概率作为装备系统安全性指标具有更大的潜力和优势。

更为重要的是,失效概率直接反映产品质量,其值的高低直接反映产品设计的优劣。由于失效概率具有上述特点,以失效概率作为系统安全性指标进行系统安全性定量分析,其分析结果可用来确定系统、分系统、部件的可靠性、安全性定量要求,可直接指导产品的设计,这将对装备系统的设计工作具有更为深远的影响。因此,失效概率是装备系统安全性工作的最佳指标,更加符合系统安全性指标的理想特性,可用来对装备系统安全性进行定量分析、评估与设计。

2.5 系统安全性指标要求的确定方法

2.5.1 系统安全性指标要求确定的基本原理

安全是一个相对的概念,人们在追求尽可能高的安全性水平的同时,又要受到科学技术、工业基础和经济可承受性等因素的限制。安全性要求越高,对科学技术和工业基础的要求就越高,需要投入的费用就越多。因此,在系统安全性工程中,安全性指标要求的确定是一个复杂的系统工程,在保证系统风险能够被研制部门和用户都可接受的条件下,通过系统优化和综合权衡,使得系统的安全性水平和经济投入之间达到一种平衡。为此,国内外学术界采用危险可能性和危险严重性之间的关系来确定系统安全性指标要求。由于系统风险是危险可能性和危险严重性的综合度量,如果系统风险的大小用 R 来表示,则

$$R = P \times D \tag{2.6}$$

式中: P 为危险事件的频率; D 为危险事件的严重程度。如果危险事件发生频

率用系统失效状态的失效概率表示,危险事件的严重性用对应失效状态的严重程度来表示,在研制部门和用户都可接受风险 R 为定值的条件下,系统失效状态的失效概率与失效状态的严重性之间就成为反比关系。即失效状态的后果越严重,所要求的失效概率就越小。因此,系统安全性指标要求确定的基本原理示意图如图 2.11 所示。

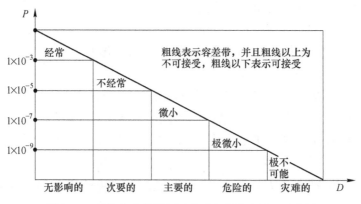

图 2.11 系统安全性指标要求确定的基本原理示意图

在图 2.11 中,横坐标表示系统失效状态的严重性,纵坐标表示系统失效状态的失效概率。该图将失效状态的严重性程度划分为 5 个等级,即灾难的、危险的、主要的、次要的和无影响的,将失效状态的可能性程度也划分为 5 个等级,即极不可能、极微小、微小、不经常和经常。在系统安全性工作中,为了保证系统风险能够被接受,系统失效状态的严重性越大,则对应的可能性就越小。例如,国际民航对于严重性程度为"灾难性"的系统失效状态,要求其可能性程度为"极不可能",对应的失效概率应该小于 10^{-9},对于"危险的"系统失效状态,要求其可能性程度为"极微小",对应的失效概率应该处于 $10^{-9} \sim 10^{-7}$ 之间。由于对于不同的系统,人们能够接受的风险不同,因此在确定系统安全性指标要求时,所确定的失效概率也是不同的。

2.5.2 系统安全性指标要求确定的依据

确定系统安全性指标要求应该主要考虑以下影响因素:

(1)系统的类型、复杂程度及其执行的功能,如战斗机、运输机还是通用飞机。

（2）目前相似系统的安全性水平。

（3）预期采用某些设计技术后系统可能达到的安全性水平,如冗余、隔离、降额等安全性技术。

（4）系统的使用要求,包括系统完成任务时的安全性要求。

（5）经费、研制进度以及系统的使用和保障方案等约束条件。

（6）社会公众可接受的安全性水平。

2.5.3　系统安全性指标要求确定的基本步骤

根据系统安全性指标要求确定的基本原理,结合系统安全性指标要求应考虑的影响因素,系统安全性指标要求的确定应遵循以下步骤:

步骤 1:按照表 2.1 的思路,定义系统失效状态的严重性程度等级划分标准。

步骤 2:按照表 2.2 的思路,定义系统失效状态的可能性程度等级划分标准。

步骤 3:依据系统的历史事故数据,充分考虑各种因素对系统安全性指标要求的影响,研究建立与系统失效状态的可能性程度等级对应的系统失效概率。

步骤 4:根据系统的实际情况,确定系统主要功能,运用功能危险分析方法分析这些功能可能面临的失效状态及这些失效状态的严重性程度。

步骤 5:根据步骤 1 至步骤 4 的内容,确定系统失效状态的概率指标要求。

2.5.4　案例分析

2.5.4.1　民用飞机系统安全性指标要求

美国和欧洲是民机系统安全性分析研究最早且最为深入的国家,经过长期的发展,积累了大量的工程实践经验,美国联邦航空管理局（FAA）将这些经验经过标准化分别纳入到适航规章 FAR-23,FAR-25,FAR-27,FAR-29 的 1309 条款之中,欧洲联合航空局（JAA）经过标准化分别将其纳入到适航规章 JAR-23,JAR-25,JAR-27,JAR-29 的 1309 条款之中。1990 年以前,单发通用航空飞机和大型喷气式运输机执行相同的可接受风险。与 FAR25.1309 和 JAR25.1309 相对应的民用航空标准 SAE ARP 4761 并没有区分机型,定义了系统失效状态的严重性程度划分标准和可能性划分标准,以及对应的安全性指标概率要求,具体情况如表 2.5 所列。

表 2.5　FAA 与 JAA 关于民用飞机系统安全性指标要求的规定

失效概率 定量描述 次/飞行小时	1		10⁻³	10⁻⁵		10⁻⁷		10⁻⁹
失效状态 可能性等级	FAA	可能的			不可能的			极不可能的
	JAA	经常发生的	相当可能的	很少发生的		极少发生的		极不可能的
失效状态 严重性等级	FAR	较小的			较大的			灾难的
	JAR	较小的		较大的		危险的		灾难的

1999 年,FAA 认识到对通用航空飞机和大型喷气式运输机采用相同的安全性指标要求标准是不符合实际的,因此对相应的标准进行了修改,具体见表 2.6。

表 2.6　不同类型飞机失效严重程度和概率要求

严重程度	概率要求/每飞行小时	
	Part23(小型飞机)	Part25,27,29,33
灾难性的	1E-6~1E-9	1E-9
危险的	1E-5~1E-7	1E-7
较大的	1E-4~1E-5	1E-5
较小的	1E-3	>1E-5
无影响的	无	无

由表 2.5 和表 2.6 可以看出,对于大型运输机灾难性的系统失效状态,适航标准要求其发生的概率不超过 10^{-9},在确定这一失效状态的概率要求时,既考虑到公众所能接受的安全性水平影响,又考虑到经济可承受性的影响。对大型运输机而言,公众可接受的安全性水平为飞机百万飞行小时发生灾难性事故起数不超过一次,即 10^{-6} 次/飞行小时。而通过事故统计分析发现,大约 10% 的灾难性事故可归咎于系统失效,因此由于系统失效造成的灾难事故应不超过每飞行小时 10^{-7} 次,又由于大型运输机一般由二三十个系统构成,这些系统大约有100 个能够导致灾难性事故的失效状态。因此,要保证大型运输机安全性水平为百万飞行小时发生灾难性事故起数不超过一次,就必须使每个灾难性系统失

效状态的发生概率低于每飞行小时 10^{-9} 次。虽然安全性要求制定得越高,所研制的飞机的安全性水平就越高,但由于较高的安全性要求必然会对航空科学技术提出更高的要求,也会导致飞机全寿命周期费用的急剧增加,这是研制部门、运营商和顾客难以承受的。综合以上原因,大型运输机灾难性的系统失效状态的概率大小确定为不超过 10^{-9} 比较合适。

2.5.4.2 军机系统安全性指标要求

军机的研制坚持"战斗力第一"为原则,而民机坚持"安全第一"为原则,在系统安全性指标要求方面,军机和民机之间有很大的区别。军机在确定安全性指标要求时,既要受到军方可接受的安全性水平、科学技术发展和经济可承受性等因素的影响,又要充分考虑战斗力要求和研制进度这些因素的影响。因此,大多数军用装备没有明确规定各失效状态严重性程度下的最低失效概率,而是通过风险评估指数矩阵来确定最低的系统安全性要求。以 MIL-STD-882D 为例,美军制定的事故严重等级、事故发生概率等级见表 2.7 和表 2.8。通过一种推荐的风险评估指数矩阵(见表 2.3)将事故严重等级和事故发生概率等级联系起来,并由此确定系统安全性指标。假设军方各类人员决定同意接受"中等风险",即可确定各严重性程度等级下所对应的事故概率,见表 2.9。

表 2.9 所制定的军用装备系统安全性指标要求与早期民用飞机系统安全性指标要求相似,均与飞机的具体型号和种类无关,是一种通用性要求。但事实上,军用飞机可分为作战类、运输类、特种类等多种类型的飞机,每类军用飞机的任务不同,设计思路也不同,因此各类飞机的安全性指标要求也不尽相同。此外,由于各国装备的军用飞机型号差异很大,维修保障能力也存在巨大

表 2.7 事故严重等级表

严重等级	严重程度定义
I(灾难的)	人员死亡或永久性完全致残,系统(如飞机)彻底损坏,经济损失超过 100 万美元,环境严重破坏且无法改善
II(严重的)	人员永久性致残,3 人或 3 人以上因受伤或职业病而住院治疗,经济损失为 20~100 万美元,环境受到破坏且无法改善
III(轻度的)	导致损失工作日的人员受伤或职业病,经济损失为 1~20 万美元,受破坏环境可被改善
IV(轻微的)	不导致损失工作日的人员受伤和职业病,经济损失为 2 千美元~1 万美元,环境仅受很小的破坏

表 2.8 事故发生概率等级表

等级	等级说明	单机发生情况	机群发生情况
A	频繁的	频繁发生,寿命期内发生概率大于 10^{-1}	连续发生
B	可能的	在寿命期内会出现若干次,寿命期内发生概率在 $10^{-2} \sim 10^{-1}$ 之间	频繁发生
C	有时的	在寿命期内可能有时发生,寿命期内发生概率在 $10^{-3} \sim 10^{-2}$ 之间	发生若干次
D	微小的	在寿命期内不易发生,但有可能发生,寿命期内发生概率在 $10^{-6} \sim 10^{-3}$ 之间	不易发生,但有理由可预期发生
E	不可能的	很不容易发生,以至于可以认为不会发生,寿命期内发生概率小于 10^{-6}	不易发生,但有可能发生

表 2.9 "中等风险"条件下的系统安全性要求

严酷度	轻微的	轻度的	严重的	灾难的
指数矩阵值	13	11	10	12
定性事故概率	频繁的	有时	极少	不可能的
定量事故概率	$\geq 10^{-1}$	$10^{-2} \sim 10^{-3}$	$10^{-3} \sim 10^{-6}$	$\leq 10^{-6}$

差别,因此,所制定的安全性指标要求也不尽相同。例如,加拿大军用飞机对整机设计导致灾难性事故的安全性要求为:民用派生型乘员运输航空器为 1×10^{-7},军用航空器为 1×10^{-6},配备有弹射座椅的军用航空器为 1×10^{-5},无人机系统为 1×10^{-5}。

按照以上的方法,可以确立军用飞机的整机安全性要求。在此基础上,就可以按照民机的思路确定各个系统失效状态对应的失效概率要求,进而通过各种安全性分析方法,对这些指标进行分配,确定子系统及其部附件的安全性指标要求,指导军用飞机的安全性设计。

2.6 小结

本章首先介绍了系统安全性的相关概念,分析了可靠性与安全性、民用航空器系统安全性工作和军机系统安全性工作的区别与联系;然后,建立了系统安全性工作的基本思路,并结合军用飞机实际情况,分析了军用飞机寿命周期各阶段系统安全性分析、评估与设计过程需要开展的具体工作及其方法;建立了系统安全性工作的 V 形模型,V 字形的左半边描述了系统安全性的分析与设计过程,主要目的是提出系统、分系统和部附件的安全性要求,V 字形的右半边描述了系统安全性评估过程,主要目的是评估所设计的系统是否满足所提的安全性要求;接着,针对系统安全性评估指标问题,在梳理现有系统安全性评估指标的基础上,借鉴国内外军机和民航在系统安全性方面的有益做法,提出了系统安全性指标的理想特性,分析了现有安全性指标的特点,讨论了各类安全性指标的适用范围和选择系统失效概率作为系统安全性评估指标的依据;最后,在此基础上,研究了系统安全性指标要求的确定原理、依据及基本步骤,为后期开展不确定性条件下的系统安全性灵敏度分析研究奠定了理论基础。

第3章
动态系统失效概率的重要性测度分析

系统失效概率是度量系统安全性程度的一种重要指标。通常情况下,系统由若干个底层部附件构成,且系统的工作状态与底层部附件的工作状态密切相关。当系统的底层部附件失效时,很可能导致整个系统发生失效,部附件失效概率会直接影响系统失效概率,从而影响系统的整体安全性水平。由上章的讨论结果可知,部附件的失效概率不仅取决于本身的失效率,而且与部附件的工作时间密切相关。在传统的系统安全性分析中,通常假设部附件的失效率为某一确定值,这种情况下的系统失效概率则仅与系统的工作时间有关。然而,在实际工程中,系统元器件失效率统计结果既会受到内外界环境和人的认知水平的干扰,也会面临试验数据特别少的困惑,使得它也具有很大的不确定性,部附件失效率的不确性传递到系统失效概率,使得系统失效概率也是一个不确定性变量。在安全性分析与设计过程中,为了减少系统安全性的不确定性,提高它的稳健性水平,就需要对影响系统安全性的不确定性进行分析。

考虑到这些不确定性的影响,系统安全性不确定性分析主要包括正向和逆向分析两个方面[96-97]。从系统失效概率的角度,系统安全性不确定性正向分析的核心内容是研究部附件失效率(系统输入变量)的不确定性如何传递到系统失效概率(系统输出性能)。通过系统不确定性的正向分析,能够预测部附件失效率的不确定性在系统中的运行情况。而逆向分析通常也称为不确定性灵敏度分析,主要研究系统失效概率(系统输出性能)的不确定性向系统底层部附件失效率(系统输入变量)不确定性的分配问题,通过系统安全性灵敏度分析,能够定量评估出对系统失效概率有影响的主要部附件和次要部附件,以及各个部附件失效率对系统失效概率的交互作用影响,从而对系统安全性的分析、预测与优化提供理论指导。

为了有效分析动态系统安全性的不确定性,本章在假定系统部附件的失效率为不确定性变量的情况下,首先对不确定性部附件失效率条件下的系统失效概率进行预测分析,揭示不确定性部附件失效率条件下系统失效概率的特点和规律;然后,分别在系统工作时间给定和在一个区间变化两种情况下,借鉴Borgonovo 矩独立重要性测度分析的基本思想[84],考虑部附件失效率的不确定性影响,提出了基于系统失效概率分布函数的安全性重要性测度指标和一般求解方法,用来分析部附件失效率不确定性对动态系统失效概率的影响;最后,针对不确定性部附件失效率的重要性测度的求解问题,提出重要性测度的高效求解方法。

3.1　动态系统失效概率的特点分析

3.1.1　确定性失效率下系统失效概率特点分析

假设某系统由 n 个底层部附件组成, $\lambda = (\lambda_1, \lambda_2, \cdots, \lambda_i, \cdots, \lambda_n)$ 表示它们的失效率,其中 λ_i 表示第 i 个部附件的失效率。假设系统部附件的失效概率服从指数分布,则在系统工作到 t 时刻时第 i 个部附件的失效概率可表示为

$$P_f^i(t, \lambda_i) = 1 - e^{-\lambda_i t} \tag{3.1}$$

根据系统的工作原理和各个部附件的连接方式,可得到系统工作时间 t 和各个部附件失效率 λ 与系统失效概率 P_f 的函数关系为

$$P_f = G(t, \lambda) \tag{3.2}$$

由式(3.2)可知,当各个部附件失效率 λ 为常数时,系统的失效概率 P_f 仅与系统工作时间 t 有关。这种情况下,系统工作时间发生变化时,系统失效概率也会相应地发生变化,它们的对应关系如图 3.1 所示。

由图 3.1 中可以看出,在系统的各个部附件失效率 λ 为常数的情况下,系统失效概率与系统正常工作时间之间呈现一一对应的关系。对于每个给定的系统正常工作时间 t_0,就可以求得与之对应的系统失效概率 P_{f0};同理,对于每个给定的系统失效概率 P_{f0},也可以求得与之对应的系统正常工作时间 t_0。

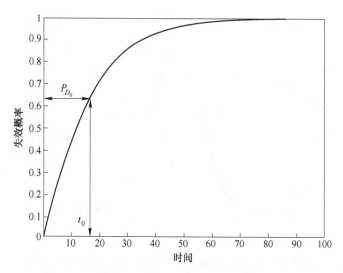

图 3.1　系统失效概率与系统工作时间的对应关系

3.1.2　不确定性失效率下系统失效概率特点分析

实际工程中,部附件失效率是一个不确定性变量。E. Zio 等[35]学者主张运用概率分布函数来反映其不确定性,且通常采用正态分布、三角分布或对数正态分布[7]等函数来表达。本书中设定部附件的失效率取值规律服从对数正态分布,它的概率密度函数为

$$f_i(\lambda_i) = \frac{e^{-\frac{[\ln(\lambda_i - \mu_i)]^2}{2\sigma_i^2}}}{\lambda_i \cdot \sigma_i \cdot \sqrt{2\pi}} \tag{3.3}$$

式中:λ_i、μ_i 和 σ_i 分别表示系统中第 i 个部附件的失效率、失效率的均值和标准差。

由式(3.2)可知,当系统各个底层部附件失效率 λ 为不确定性变量时,系统失效概率 P_f 则为一个多变量函数,其输入变量分别为系统工作时间 t 和部附件失效率 λ 。如果工作时间 t_0 固定,那么系统失效概率 P_f 仅为部附件失效率 λ 的多变量函数 $P_f = G(\lambda)$,且部附件失效率的不确定性经过该多变量函数传递到系统失效概率 P_f ,使得系统失效概率 P_f 也为不确定性变量。图 3.2 为某部附件失效率 λ 为不确定性变量情况下,工作时间为 t_0 时系统失效概率 P_f 服从的概率密度函数。

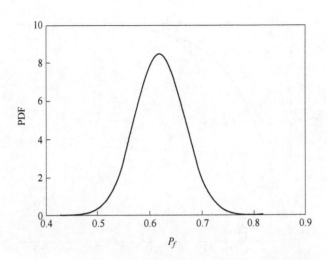

图 3.2　系统工作时间给定时系统失效概率的 PDF 曲线

　　当系统工作时间 t 变化时，系统失效概率 P_f 的取值规律随之也发生动态改变，因此系统失效概率 P_f 的概率密度函数是系统工作时间 t 的函数，随着工作时间 t 的变化而变化。图 3.3 为系统工作时间 t 变化时系统失效概率 P_f 的概率密度函数随时间的变化示意。

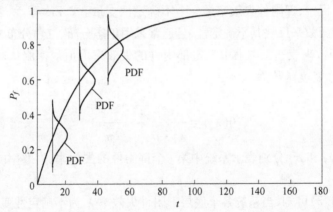

图 3.3　系统失效概率的概率密度函数与系统工作时间之间的对应关系

3.1.3　工作时间给定时系统失效概率预测方法

　　当系统底层部附件的失效率 λ 为随机变量时，系统失效概率 P_f 为系统工作

时间 t 和与之相关部附件失效率 λ 的多变量函数。若系统工作时间给定为 t_0，则系统失效概率 P_f 为部附件失效率 λ 的多变量函数，其表达式为：$P_f = G(\lambda)$。这时采用蒙特卡罗数值模拟法就可以预测当系统工作时间达到 t_0 时系统失效概率 P_f 的取值规律，具体步骤可概括为

（1）获取系统部附件失效率 λ 的样本点。根据部附件失效率的概率密度函数，随机抽取 N 组系统部附件失效率 λ 的样本点 $A(N \times n)$：

$$A = \begin{bmatrix} \lambda_1 \\ \lambda_2 \\ \vdots \\ \lambda_N \end{bmatrix} = \begin{bmatrix} \lambda_{11} & \lambda_{12} & \cdots & \lambda_{1n} \\ \lambda_{21} & \lambda_{22} & \cdots & \lambda_{2n} \\ \vdots & \vdots & \ddots & \vdots \\ \lambda_{N1} & \lambda_{N2} & \cdots & \lambda_{Nn} \end{bmatrix} \qquad (3.4)$$

（2）计算与部附件失效率 λ 样本点对应的系统失效概率。在式（3.4）表示的样本矩阵 $A(N \times n)$ 中，任意获取一组失效率的样本点 $\lambda_k = (\lambda_{k1}, \lambda_{k2}, \cdots, \lambda_{kn})$ $(k = 1, 2, \cdots, N)$，把它带入式（3.2），就可得到对应的系统失效概率 $P_{f_k} = G(t_0, \lambda_k)$。

（3）计算与部附件失效率 λ 的样本点对应的系统失效概率集。遍历部附件失效率样本 $A(N \times n)$ 中的所有样本点，将其分别带入式（3.2），求得失效率样本 $A(N \times n)$ 在给定系统工作时间要求为 t_0 时，对应的系统失效概率样本集 $(P_{f_1}, P_{f_2}, \cdots, P_{f_N})$。

（4）估算系统失效概率的概率密度函数及其数值特征。依据步骤（3）求得的系统失效概率样本集 $(P_{f_1}, P_{f_2}, \cdots, P_{f_N})$，运用核密度估计[98]技术，绘制系统失效概率的概率密度曲线，并求解对应的均值 μ_{P_f}、标准差 σ_{P_f}，以及置信度为 q 时的系统失效概率置信区间 $\left[\underline{P}_f(t_0, q), \overline{P}_f(t_0, q) \right]$。

3.2 相关重要性测度指标回顾

为便于理解本章将要讨论的系统安全性重要性测度分析方法，本节重点对与本章研究内容密切相关且发展比较成熟的全局灵敏度指标进行简单介绍，主要包括方差的重要性测度和矩独立重要性测度。

3.2.1 方差重要性测度

设 $Y = g(\boldsymbol{X})$ 为不确定条件下多输入—单输出模型的函数表达式,其中:Y 表示一维输出变量,$\boldsymbol{X} = (X_1, X_2, \cdots, X_n)$ 表示随机输入向量,它由 n 个随机相互独立的随机输入变量组成,其中 X_i $(i = 1, 2, \cdots, n)$ 表示第 i 个随机输入变量。运用高维模型展开方法将函数 $Y = g(\boldsymbol{X})$ 展开,可表达如下:

$$g(\boldsymbol{X}) = g_0 + \sum_{i=1}^{n} g_i(X_i) + \sum_{i_1=1}^{n} \sum_{i_2=i_1+1}^{n} g_{i_1 i_2}(X_{i_1}, X_{i_2}) + \cdots + g(X_1, X_2, \cdots, X_n)$$

$$(3.5)$$

其中,

$$\begin{cases} g_0 = \int g(\boldsymbol{X}) \prod_{i=1}^{n} \left[f_{X_i}(x_i) \, \mathrm{d}x_i \right] \\[2mm] g_i(X_i) = \int g(\boldsymbol{X}) \prod_{j \neq i}^{n} \left[f_{X_j}(x_j) \, \mathrm{d}x_j \right] - g_0 \\[2mm] g_{i_1 i_2}(X_{i_1}, X_{i_2}) = \int g(\boldsymbol{X}) \prod_{j \neq i_1, i_2}^{n} \left[f_{X_j}(x_j) \, \mathrm{d}x_j \right] - g_{i_1}(X_{i_1}) - g_{i_2}(X_{i_2}) - g_0 \\[2mm] \cdots \end{cases}$$

$$(3.6)$$

式中:$f_{X_i}(x_i)$ $(i = 1, 2, \cdots, n)$ 为随机变量 X_i 的 PDF。假设各个随机输入变量之间相互独立,则式(3.6)可表达如下:

$$g_0 = E(Y)$$

$$g_i(X_i) = E(Y|X_i) - E(Y)$$

$$g_{i_1 i_2}(X_{i_1}, X_{i_2}) = E(Y|X_{i_1}, X_{i_2}) - E(Y|X_{i_1}) - E(Y|X_{i_2}) + E(Y) \quad (3.7)$$

$$\cdots$$

式中:$E(\cdot)$ 表示期望算子。

在假设各个随机输入变量之间相互独立的前提下,Sobol 等[99] 运用式(3.5)的模型展开方法,对模型输出响应量的无条件方差进行分解,可表达如下:

$$V = \sum_{i=1}^{n} V_i + \sum_{i_1=1}^{n} \sum_{i_2=i_1+1}^{n} V_{i_1 i_2} + \cdots + V_{1, 2, \cdots, n} \qquad (3.8)$$

在文献[100-102]中给出了上述指标的求解公式,即

$$\begin{cases} V = \mathrm{Var}(Y) \\ V_i = \mathrm{Var}[g_i(X_i)] = \mathrm{Var}[E(Y \mid X_i)] \\ V_{i_1 i_2} = \mathrm{Var}[g_{i_1 i_2}(X_{i_1}, X_{i_2})] = \mathrm{Var}[E(Y \mid X_{i_1}, X_{i_2})] - V_{i_1} - V_{i_2} \\ \cdots \end{cases} \quad (3.9)$$

式中：$\mathrm{Var}(\cdot)$ 为方差算子。

式(3.8)表明经过方差分解的不确定性条件下输出变量的方差，可以由各个输入随机变量的方差与它们相互作用的方差之间求和来表达。在式(3.9)中，V_i 表示输入随机变量 X_i 独自变化对输出响应量方差的贡献，$V_{i_1 i_2}$ 表示由于 X_{i_1} 与 X_{i_2} 交互作用对输出响应量方差的贡献。

式(3.9)中经过正则化处理，就得到输入变量不确定性对输出变量方差重要性测度指标：

$$S_i = V_i/V, S_{i_1 i_2} = V_{i_1 i_2}/V, \cdots \quad (3.10)$$

在式(3.10)表示的方差重要性测度指标中，应用最为广泛的有两个指标，它们分别为主重要性测度和总重要性测度。其中主重要性测度的表达式为

$$S_i = \frac{\mathrm{Var}[E(Y \mid X_i)]}{\mathrm{Var}(Y)} \quad (3.11)$$

总重要性测度的表达式为

$$S_i^T = 1 - \frac{\mathrm{Var}[E(Y \mid \boldsymbol{X}_{\sim i})]}{\mathrm{Var}(Y)} \quad (3.12)$$

式中：$\boldsymbol{X}_{\sim i}$ 代表 $\boldsymbol{X}_{\sim i} = (X_1, \cdots, X_{i-1}, X_{i+1}, \cdots, X_n)$，即随机输入向量 $\boldsymbol{X} = (X_1, X_2, \cdots, X_n)$ 中除 X_i 以外的其他随机输入变量组成的随机输入向量。输入变量 X_i 的主重要性测度的物理含义是输入变量 X_i 的独自作用对输出响应量方差的贡献。而输入变量 X_i 的总重要性测度的物理含义是输入变量 X_i 和 X_i 与其他变量交互作用共同对输出响应量方差的影响。

3.2.2 矩独立重要性测度

设不确定条件下模型输入—输出变量之间的函数表达式为 $Y = g(\boldsymbol{X})$，其中 Y 是模型的输出响应量，$\boldsymbol{X} = (X_1, X_2, \cdots, X_n)^{\mathrm{T}}$ 是 n 维随机输入变量。用 $f_Y(y)$ 表示输出响应量 Y 的无条件概率密度函数，用 $f_{Y|X_i}(y)$ 表示输入变量 X_i 固定时对应输出变量的条件概率密度函数。当输入随机变量 X_i 依据它的概率密度函

数取某个实现值 x_i^* 时,则 X_i 将会对输出响应量 Y 的概率密度函数产生影响,影响程度可以由输出响应量的无条件概率密度函数 $f_Y(y)$ 和对应条件概率密度函数 $f_{Y|X_i}(y)$ 之间的差异进行度量,即图 3.4 中阴影部分的面积 $s(X_i)$。$s(X_i)$ 的数学表达式为

$$s(X_i) = \int_{-\infty}^{+\infty} |f_Y(y) - f_{Y|X_i}(y)| \, \mathrm{d}y \tag{3.13}$$

当 X_i 按照其概率密度函数 $f_{X_i}(x_i)$ 取其所有可能的实现值时,X_i 对模型输出响应量 Y 的概率密度函数累积影响的平均值可由 $s(X_i)$ 的数学期望来表示:

$$E_{X_i}[s(X_i)] = \int_{-\infty}^{+\infty} f_{X_i}(x_i) s(X_i) \, \mathrm{d}x_i \tag{3.14}$$

为了将随机输入变量对输出响应量概率密度函数影响的重要性测度限定在 $0 \sim 1$ 之间,Borgonovo[84] 将矩独立重要性测度指标定义为

$$\delta_i = \frac{1}{2} E_{X_i}[s(X_i)] \tag{3.15}$$

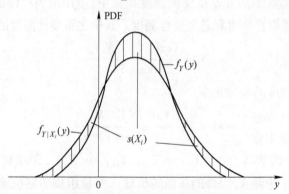

图 3.4　$s(X_i)$ 的几何意义

进一步,Borgonovo 将式(3.14)的一个输入变量矩独立重要性测度指标推广到一组输入变量 $X_{i_1}, X_{i_2}, \cdots, X_{i_s}$ 的重要性测度,定义如下:

$$\delta_{i_1, i_2, \cdots, i_s} = \frac{1}{2} E_{X_{i_1}, X_{i_2}, \cdots, X_{i_s}} (s(X_{i_1}, X_{i_2}, \cdots, X_{i_s}))$$

$$= \frac{1}{2} \int_{-\infty}^{+\infty} f_{X_{i_1}, X_{i_2}, \cdots, X_{i_s}} (x_{i_1}, x_{i_2}, \cdots, x_{i_s})$$

$$\times \left(\int_{-\infty}^{+\infty} |f_Y(y) - f_{Y|X_{i_1}, X_{i_2}, \cdots, X_{i_s}}(y)| \, \mathrm{d}y \right) \mathrm{d}x_{i_1} \mathrm{d}x_{i_2} \cdots \mathrm{d}x_{i_s} \tag{3.16}$$

式(3.16)中:$f_{X_{i_1}, X_{i_2}, \cdots, X_{i_s}} (x_{i_1}, x_{i_2}, \cdots, x_{i_s})$ 为输入向量 $\boldsymbol{X}_{i_1}, \boldsymbol{X}_{i_2}, \cdots, \boldsymbol{X}_{i_s}$ 的联合

概率密度函数，$f_{Y|X_{i_1}, X_{i_2}, \cdots, X_{i_s}}(y)$ 表示当 $X_{i_1}, X_{i_2}, \cdots, X_{i_s}$ 都取实现值时，输出变量 Y 的条件概率密度函数。

3.2.3　系统工作时间给定时系统失效率的方差重要性测度

针对不确定性部附件失效率对系统失效概率的灵敏度分析问题，文献[85] 依据 Sobol 等所提出基于方差重要性测度分析的基本思想，建立了式(3.17)所表达的系统工作时间给定时的方差重要性测度指标：

$$S_{\lambda_i}^{P_f} = \frac{V_{\lambda_i}[E_{\lambda_i}(P_f|\lambda_i)]}{V(P_f)} \tag{3.17}$$

式中：$S_{\lambda_i}^{P_f}$ 表示第 i 个部附件失效率对系统失效概率方差的重要性测度；$V(P_f)$ 表示系统失效概率的无条件方差；$E_{\lambda_i}(P_f|\lambda_i)$ 表示第 i 个部附件失效率 λ_i 取实现值 λ_i^* 时对应的系统失效概率的条件均值；$V_{\lambda_i}[E_{\lambda_i}(P_f|\lambda_i)]$ 表示第 i 个部附件失效率取所有实现值时系统失效概率的条件均值的方差。

虽然通过式(3.17)可以对动态系统部附件失效率的重要性进行分析，且该指标具有明确的物理性质和在工程中便于计算等优点，但由于该方法建立在方差的基础之上，仅仅通过系统失效概率的方差衡量其不确定性，会存在很大的信息遗失问题。而 Borgonovo 提出的矩独立灵敏度分析方法，将输入变量不确定性对输出响应量概率密度函数(probability density function, PDF)的平均影响定义为该输入变量的重要性测度，包含了模型输出响应量的完整不确定信息，避免了不确定性信息的遗失。因此，本节借鉴 Borgonovo 提出的矩独立重要性分析思想，从分布函数的角度来对动态系统部附件失效率的重要性进行分析。

3.3　不确定性部附件失效率条件下的矩独立重要性测度指标

由动态系统失效概率的特点可知，在部附件的失效率为随机变量的情况下，系统失效概率的不确定性主要由部附件失效率的不确定性来决定。为了度量部附件失效率不确定性对系统失效概率不确定性的影响程度，本节依据 Borgonovo 提出的矩独立重要性测度分析思想，分别从系统工作时间给定和系统工作时间在一定区间变化两种情况,对部附件失效率的重要性测度进行分析。

3.3.1 工作时间给定时部附件失效率的矩独立重要性测度指标

3.3.1.1 矩独立重要性测度指标构建

由 3.1.2 节讨论可知,在系统工作时间给定的情况下,系统失效概率仅为部附件失效率的多变量函数。对于由式(3.2)表达的动态系统失效概率函数,设 $f(\pmb{\lambda})$ 为部附件失效率 $\pmb{\lambda}$ 的联合 PDF,$f_i(\lambda_i)$ 为第 i 个部附件失效率 λ_i 的 PDF。假设给定的系统工作时间为 t_0,通过部附件失效率 $\pmb{\lambda}$ 的联合概率密度函数 $f(\pmb{\lambda})$,按照 3.1.3 节的方法,能够求解得到系统失效概率 P_f 的无条件分布函数 $F_{P_f}(p_f)$;当依据 λ_i 的概率密度函数 $f_i(\lambda_i)$ 随机产生任意实现值 λ_i^* 时,将其带入式(3.2),则失效率 λ_i 的不确定性对系统失效概率 P_f 不确定性的影响将会消失,这时通过部附件失效率 $\pmb{\lambda}_{\sim i}$(除 λ_i 之外其他部附件的失效率向量)的联合概率密度函数 $f(\pmb{\lambda}_{\sim i})$,按照 3.1.3 节的方法,可得到系统条件失效概率的分布函数 $F_{P_f|\lambda_i}(p_f)$。因此,部附件失效率 λ_i 的不确定性对系统失效概率 P_f 的影响程度,可以通过 $F_{P_f}(p_f)$ 和 $F_{P_f|\lambda_i}(p_f)$ 这两个分布函数之间的差异进行度量,即为图 3.5 中阴影部分的面积,阴影部分的面积可通过式(3.18)所表达的积分值 $A(\lambda_i)$ 来求解。

$$A(\lambda_i) = \int |F_{P_f}(p_f) - F_{P_f|\lambda_i}(p_f)| \, \mathrm{d}p_f \qquad (3.18)$$

由于失效率 λ_i 为随机变量,它的取值规律取决于概率密度函数 $f_i(\lambda_i)$。当失效率 λ_i 遍历它的概率密度函数 $f_i(\lambda_i)$ 取所有可能实现值时,可以得到 $A(\lambda_i)$ 的平均值 $E_{\lambda_i}(A(\lambda_i))$。

$$E_{\lambda_i}(A(\lambda_i)) = \int f_i(\lambda_i) A(\lambda_i) \, \mathrm{d}\lambda_i \qquad (3.19)$$

由此可见,$E_{\lambda_i}(A(\lambda_i))$ 表征了部附件失效率 λ_i 的不确定性对系统失效概率 P_f 分布函数的平均影响,可以用来表示系统工作时间给定时动态系统部附件失效率的重要性测度。

但为了消除量纲的影响,考虑到一般情况下系统失效概率 $P_f > 0$,因此本节将不确定性部附件失效率条件下基于系统失效概率分布函数的矩独立重要性测度 $S_{\lambda_i}^{\mathrm{CDF}}$ 定义为

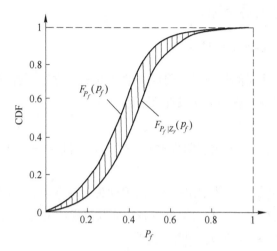

图 3.5　系统失效概率的无条件和条件累积分布函数曲线

$$S_{\lambda_i}^{\mathrm{CDF}} = \frac{E_{\lambda_i}(A(\lambda_i))}{E(P_f)} \qquad (3.20)$$

由于系统失效概率 P_f 及其数学期望 $E(P_f)$、无条件分布函数 $F_{P_f}(p_f)$ 和条件分布函数 $F_{P_f|\lambda_i}(p_f)$ 均介于 0~1 之间,所以 $A(\lambda_i)$ 也介于 0~1 之间,由此可以推断出重要性测度 $S_{\lambda_i}^{\mathrm{CDF}} \geqslant 0$。由重要性测度 $S_{\lambda_i}^{\mathrm{CDF}}$ 的定义可知,当采用该指标对部附件失效率进行重要性分析时,部附件失效率对应的 $S_{\lambda_i}^{\mathrm{CDF}}$ 越大,说明第 i 个部附件失效率 λ_i 的不确定性对系统失效概率 P_f 不确定性的影响越大,反之亦然。

将式(3.20)表示的一个部附件失效率的矩独立重要性测度,推广到部附件失效率向量 $\lambda_1, \lambda_2, \cdots, \lambda_s$ 的重要性测度,则有

$$S_{\lambda_1, \lambda_2, \cdots, \lambda_s}^{\mathrm{CDF}} = \frac{E_{\lambda_1, \lambda_2, \cdots, \lambda_s}(A(\lambda_1, \lambda_2, \cdots, \lambda_s))}{E(P_f)} E_{\lambda_1, \lambda_2, \cdots, \lambda_s}(A(\lambda_1, \lambda_2, \cdots, \lambda_s))$$

$$\tag{3.21}$$

$$= \int_{-\infty}^{+\infty} f_{\lambda_1, \lambda_2, \cdots, \lambda_s}(\lambda_1, \lambda_2, \cdots, \lambda_s) \times$$

$$\left(\int_{-\infty}^{+\infty} |F_{P_f}(p_f) - F_{P_f|\lambda_1, \lambda_2, \cdots, \lambda_s}(p_f)| \mathrm{d}p_f \right) \mathrm{d}\lambda_1, \mathrm{d}\lambda_2, \cdots, \mathrm{d}\lambda_s$$

$$\tag{3.22}$$

式中:$f_{\lambda_1, \lambda_2, \cdots, \lambda_s}(\lambda_1, \lambda_2, \cdots, \lambda_s)$ 表示输入向量 $\boldsymbol{\lambda}_1, \boldsymbol{\lambda}_2, \cdots, \boldsymbol{\lambda}_s$ 的联合概率密度函数;$F_{P_f|\lambda_1, \lambda_2, \cdots, \lambda_s}(p_f)$ 表示当输入向量 $\boldsymbol{\lambda}_1, \boldsymbol{\lambda}_2, \cdots, \boldsymbol{\lambda}_s$ 取其实现值时对应的系统

失效概率 P_f 的条件分布函数。

3.3.1.2 重要性测度性质

依据系统工作时间给定时部附件失效率的矩独立重要性测度指标的定义，可以推导出该指标具有如下相关性质：

性质 1：$S_{\lambda_i}^{\mathrm{CDF}} \geqslant 0$。

性质 2：若 $S_{\lambda_i}^{\mathrm{CDF}} = 0$，则表明部附件失效率 λ_i 对系统失效概率的取值规律没有影响。

性质 3：若 $S_{\lambda_i,\lambda_j}^{\mathrm{CDF}} = S_{\lambda_i}^{\mathrm{CDF}}$，则表明在部附件失效率 λ_i 对系统失效概率的影响基础上增加随机变量 λ_j，对系统失效概率的取值规律没有影响。

性质 4：$S_{\lambda_i}^{\mathrm{CDF}} \leqslant S_{\lambda_i,\lambda_j}^{\mathrm{CDF}} \leqslant S_{\lambda_i}^{\mathrm{CDF}} + S_{\lambda_i|\lambda_j}^{\mathrm{CDF}}$。

性质 5：$S_{\max}^{\mathrm{CDF}} = S_{\lambda_1,\lambda_2,\cdots,\lambda_m}^{\mathrm{CDF}}$。

性质 1、2、3 从定义可以容易推出，下面只给出性质 4、5 的证明过程。

证明：由于

$$
\begin{aligned}
|F_{P_f}(p_f) - F_{P_f|\lambda_i\lambda_j}(p_f)| &= |F_{P_f}(p_f) - F_{P_f|\lambda_i}(p_f) + F_{P_f|\lambda_i}(p_f) - F_{P_f|\lambda_i\lambda_j}(p_f)| \\
&\leqslant |F_{P_f}(p_f) - F_{P_f|\lambda_i}(p_f)| + |F_{P_f|\lambda_i}(p_f) - F_{P_f|\lambda_i\lambda_j}(p_f)|
\end{aligned}
\tag{3.23}
$$

对上述不定式两边在其定义域内积分可以得到

$$
\int |F_{P_f}(p_f) - F_{P_f|\lambda_i\lambda_j}(p_f)| \,\mathrm{d}p_f \leqslant \int |F_{P_f}(p_f) - F_{P_f|\lambda_i}(p_f)| \,\mathrm{d}p_f + \\
\int |F_{P_f|\lambda_i}(p_f) - F_{P_f|\lambda_i\lambda_j}(p_f)| \,\mathrm{d}p_f
\tag{3.24}
$$

对上述不定式两边取数学期望：

$$
\begin{aligned}
E(p_f) \cdot S_{\lambda_i,\lambda_j}^{\mathrm{CDF}} &= E_{\lambda_i,\lambda_j} \int |F_{P_f}(p_f) - F_{P_f|\lambda_i\lambda_j}(p_f)| \,\mathrm{d}p_f \\
&\leqslant E_{\lambda_i,\lambda_j} \int |F_{P_f}(p_f) - F_{P_f|\lambda_i}(p_f)| \,\mathrm{d}p_f + \\
&\quad E_{\lambda_i,\lambda_j} \int |F_{P_f|\lambda_i}(p_f) - F_{P_f|\lambda_i\lambda_j}(p_f)| \,\mathrm{d}p_f
\end{aligned}
\tag{3.25}
$$

由于 $F_{P_f|\lambda_i}(p_f)$ 只与 λ_i 有关，而与 λ_j 无关，因而有

$$
E_{\lambda_i,\lambda_j} \int |F_{P_f}(p_f) - F_{P_f|\lambda_i}(p_f)| \,\mathrm{d}p_f = E_{\lambda_i} \int |F_{P_f}(p_f) - F_{P_f|\lambda_i}(p_f)| \,\mathrm{d}p_f = S_{\lambda_i}^{\mathrm{CDF}} \cdot E(p_f)
$$

$$
E_{\lambda_i,\lambda_j} \int |F_{P_f|\lambda_i}(p_f) - F_{P_f|\lambda_i\lambda_j}(p_f)| \,\mathrm{d}p_f = S_{\lambda_i|\lambda_j}^{\mathrm{CDF}} \cdot E(p_f)
\tag{3.26}
$$

因此可以得到

$$S_{\lambda_i\lambda_j}^{\mathrm{CDF}} \leqslant S_{\lambda_i}^{\mathrm{CDF}} + S_{\lambda_i|\lambda_j}^{\mathrm{CDF}} \tag{3.27}$$

在部附件失效率 λ_i 基础上,如果增加部附件失效率 λ_j 对系统失效概率没有影响,则有

$$\int |F_{P_f}(p_f) - F_{P_f|\lambda_i}(p_f)| \mathrm{d}p_f = \int |F_{P_f}(p_f) - F_{P_f|\lambda_i\lambda_j}(p_f)| \mathrm{d}p_f \tag{3.28}$$

在部附件失效率 λ_i 基础上,如果增加部附件失效率 λ_j 对系统失效概率有影响,则增加部附件失效率 λ_j 对系统失效概率分布函数也产生更大影响,因此有

$$\int |F_{P_f}(p_f) - F_{P_f|\lambda_i}(p_f)| \mathrm{d}p_f < \int |F_{P_f}(p_f) - F_{P_f|\lambda_i\lambda_j}(p_f)| \mathrm{d}p_f \tag{3.29}$$

因此

$$S_{\lambda_i}^{\mathrm{CDF}} \leqslant S_{\lambda_i\lambda_j}^{\mathrm{CDF}} \leqslant S_{\lambda_i}^{\mathrm{CDF}} + S_{\lambda_i|\lambda_j}^{\mathrm{CDF}} \tag{3.30}$$

从而证明了性质4。

由性质4可以得出

$$S_{\lambda_i}^{\mathrm{CDF}} \leqslant S_{\lambda_i\lambda_j}^{\mathrm{CDF}}, S_{\lambda_i}^{\mathrm{CDF}} \leqslant S_{\lambda_i\lambda_j\lambda_k}^{\mathrm{CDF}} \tag{3.31}$$

因而

$$S_{\max}^{\mathrm{CDF}} = S_{\lambda_1,\lambda_2,\cdots,\lambda_m}^{\mathrm{CDF}} \tag{3.32}$$

从而性质5得以证明。

3.3.1.3 重要性测度的蒙特卡罗数值模拟法

依据大数定理,运用蒙特卡罗方法,可以对重要性测度指标 $S_{\lambda_i}^{\mathrm{CDF}}$ 进行求解,主要包括4个步骤。

步骤1:求解系统失效概率 P_f 的无条件分布函数 $F_{P_f}(p_f)$。首先,假定系统工作时间为 t_0,根据部附件失效率 $\boldsymbol{\lambda}$ 的联合概率密度函数 $f(\boldsymbol{\lambda})$,生成 N 组样本 $\boldsymbol{\lambda}_k = (\lambda_{k1}, \lambda_{k2}, \cdots, \lambda_{kn})^{\mathrm{T}}(k = 1, \cdots, N)$;然后,通过系统失效概率函数 $P_f = G(t_0, \boldsymbol{\lambda})$,生成 N 组对应的系统失效概率 $(p_{f1}, p_{f2}, \cdots, p_{fN})$;最后,分别估算系统失效概率 P_f 的数学期望 $E(P_f)$ 与无条件分布函数 $F_{P_f}(p_f)$。

步骤2:求解系统失效概率 P_f 的条件分布函数 $F_{P_f|\lambda_{ik}}(p_f)$。首先,对于第 i 个部附件失效率 $\lambda_i (i = 1, 2, \cdots, n)$,根据其概率密度函数 $f_i(\lambda_i)$ 随机产生 M 个样本 $(\lambda_{i1}, \lambda_{i2}, \cdots, \lambda_{iM})$;然后,分别将部附件失效率 λ_i 固定在 $\lambda_{ik} (k = 1, 2, \cdots, M)$ 处,再根据部附件失效率 $\boldsymbol{\lambda}_{\sim i}$ 的联合概率密度函数 $f(\boldsymbol{\lambda}_{\sim i})$,生成 N 组样本,

将其代入系统失效概率函数 $P_f = G(t_0, \lambda)$，可以计算出对应的系统条件失效概率 $P_f | \lambda_{ik}$；最后，求解条件失效概率 $P_D | \lambda_{Di}$ 的条件分布函数 $F_{P_f | \lambda_{ik}}(p_f)$。

步骤 3：求解与部附件失效率 λ_i 对应的 $E_{\lambda_i}(A(\lambda_i))$ $(i = 1, \cdots, n)$。对每一个部附件失效率 λ_i，根据步骤 2 所求解的条件分布函数 $F_{P_f | \lambda_{ik}}(p_f)$ 和步骤 1 求解的无条件分布函数 $F_{P_f}(p_f)$，通过式（3.18）和式（3.19）求解与之对应的 $E_{\lambda_i}(A(\lambda_i))$。

步骤 4：求解与部附件失效率 λ_i 对应的重要性测度 $S_{\lambda_i}^{\mathrm{CDF}}$。根据前面所求的系统失效概率 P_f 的均值 $E(P_f)$ 和 $E_{\lambda_i}(A(\lambda_i))$，通过式（3.20）求解与部附件失效率 λ_i 对应的重要性测度 $S_{\lambda_i}^{\mathrm{CDF}}$。

3.3.2 工作时间区间变化时部附件失效率的重要性测度指标

3.3.2.1 重要性测度指标构建

由上节内容可知，当系统工作时间为给定值 t_0 时，部附件失效率 λ_i 对应的重要性测度为 $S_{\lambda_i}^{\mathrm{CDF}}$。因此，给定一个系统工作时间 t_0，就有一个重要性测度 $S_{\lambda_i}^{\mathrm{CDF}}$ 与之对应，即重要性测度 $S_{\lambda_i}^{\mathrm{CDF}}$ 是系统工作时间的单变量函数。如果系统工作时间在区间 $[t_1, t_2]$ 内变化，则重要性测度 $S_{\lambda_i}^{\mathrm{CDF}}$ 也会随之发生变化。因此，系统工作时间在区间变化情况下部附件失效率 λ_i 的不确定性对系统失效概率分布函数的影响，可由 $S_{\lambda_i}^{\mathrm{CDF}}(t)$ 在区间 $[t_1, t_2]$ 上的积分值 $B(\lambda_i, t)$ 来衡量。

$$B(\lambda_i, t) = \int_{t_1}^{t_2} S_{\lambda_i}^{\mathrm{CDF}} \mathrm{d}t \tag{3.33}$$

同理，为了消除量纲的影响，系统工作时间在区间 $[t_1, t_2]$ 内变化情况下的部附件失效率的重要性测度可定义为

$$S_{\lambda_i}^{t_1 t_2} = \frac{B(\lambda_i, t)}{t_2 - t_1} \tag{3.34}$$

由式（3.34）和式（3.35）可知，$S_{\lambda_i}^{t_1 t_2}$ 反应了动态系统在一定时间区间变化时部附件失效率 λ_i 的不确定性对系统失效概率分布函数的累积影响。同理，部附件失效率对应的 $S_{\lambda_i}^{t_1 t_2}$ 越大，则该部附件失效率的不确定性对系统失效概率不确定性的影响也就越大，反之亦然。

3.3.2.2 重要性测度的蒙特卡罗数值模拟法

依据大数定理,运用蒙特卡罗方法,重要性测度 $S_{\lambda_i}^{t_1 t_2}$ 的具体求解步骤为:

步骤1:离散系统工作时间区间。在系统工作时间区间 $[t_1, t_2]$ 内,将工作时间 t 离散成 N_I 个时间点 $(t_1, t_2, \cdots, t_{N_I})$。

步骤2:求解各时间点对应的重要性测度。在每个时间 t_k $(k = 1, 2, \cdots, N_I)$,按照前面给出的重要性测度 $S_{\lambda_i}^{\mathrm{CDF}}$ 求解步骤,求解对应的重要性测度 $S_{\lambda_i}^{\mathrm{CDF}}(t_k)$。

步骤3:计算重要性测度 $S_{\lambda_i}^{t_1 t_2}$。根据前面所求各时间的 $S_{\lambda_i}^{\mathrm{CDF}}(t_k)$ $(k = 1, 2, \cdots, N_I)$,通过式(3.36)求解重要性测度 $S_{\lambda_i}^{t_1 t_2}$。

$$S_{\lambda_i}^{t_1 t_2} = \frac{\sum_{k=2}^{N_I} (t_k - t_{k-1})(S_{\lambda_i}^{\mathrm{CDF}}(t_{k-1}) + S_{\lambda_i}^{\mathrm{CDF}}(t_k))}{2(t_2 - t_1)} \tag{3.35}$$

3.4 高效求解算法

虽然上面所提蒙特卡罗数值模拟法能够非常准确地计算本章所提的重要性测度 $S_{\lambda_i}^{\mathrm{CDF}}$,但由于这种方法在估算系统失效概率分布函数时需要求解大量的系统失效概率样本,使得重要性测度 $S_{\lambda_i}^{\mathrm{CDF}}$ 的计算效率很低。而要提高重要性测度求解效率,关键是要提高系统失效概率的无条件分布函数和条件分布函数的求解效率。为此,本节将 Edgeworth 级数方法和稀疏网格积分(sparse grid interpolation,SGI)技术相结合,通过 Edgeworth 级数方法将响应量分布函数的求解问题转化为基于功能函数前四阶矩的失效概率估计,通过稀疏网格积分技术将多元函数的积分问题转化成一元函数积分的张量积组合,从而大大降低了功能函数的调用次数,提高了重要性测度的求解效率。

3.4.1 稀疏网格积分方法

稀疏网格积分方法是一种运用离散化思想解决多维积分问题的方法,依据 Smolyak 准则,多元函数积分可以离散成一元函数积分的张量积组合。与直接的张量积组合方法进行对比,不难发现运用稀疏网格积分法进行多元函数积分时,它的计算成本以及求解精度对输入变量维数的敏感性大大降低。基于稀疏网格法这一优点,它在数值积分[103-104]、插值[105-106]、微分方程的求解[107]以及随机不确定性的传递[108]中已经得到广泛应用,并且已经被证明是一种特别适用于高维情况的有效离散化方法。本节主要探讨它在系统工作时间给定时部附件失效率的矩独立重要性测度指标求解中的应用。为了便于理解,本节首先简单介绍稀疏网格积分的基本原理。

假定第 j 个变量在一维空间中的积分点和权重分别为 $U_1^{i_j}$ 和 $w_1^{i_j}$,它们可以运用单变量条件下的高斯积分、Clenshaw–Curits[109] 或梯形准则等方法来计算。在 k 精度水平下,利用 Smolyak 准则[107],可以得到 n 维空间中全部稀疏网格积分点集合 U_n^k:

$$U_n^k = \bigcup_{k+1 \leqslant |i| \leqslant q} U_1^{i_1} \otimes U_1^{i_2} \otimes \cdots \otimes U_1^{i_n} \tag{3.36}$$

式中:$\otimes$ 表示张量积运算符;$q = k + n$;$|i| = i_1 + \cdots + i_n$ 为多维指标之和;在 U_n^k 中的第 j 个积分点 $\boldsymbol{\xi}_j = (\xi_{j_{i_1}}^{i_1}, \cdots, \xi_{j_{i_n}}^{i_n}) \in U_n^k$ 的权重 w_j 可表示如下:

$$w_j = (-1)^{q-|i|} \binom{n-1}{q-|i|} (w_{j_{i_1}}^{i_1} \cdots w_{j_{i_n}}^{i_n}) \tag{3.37}$$

假设 $g(\boldsymbol{X})$ 为一个非线性函数,它的输入变量为 $\boldsymbol{X} = (X_1, X_2, \cdots, X_n)$,$n$ 表示它的维数。则 $g(\boldsymbol{X})$ 的积分可以由式(3.39)进行求解,且它的计算精度可以达到 $2k+1$ 阶多项式的精度[109]。

$$\int g(\boldsymbol{X}) f_X(\boldsymbol{x}) \mathrm{d}x \approx \sum_{l=1}^{N_n^k} w_l g(T^{-1}(\xi_l)) = \sum_{l=1}^{N_n^k} w_l g(\boldsymbol{x}_l) \tag{3.38}$$

式中:$f_X(\boldsymbol{x})$ 表示 $\boldsymbol{X}$ 的联合 PDF;w_l 和 $\xi_l \in U_n^k$ 分别为通过稀疏网格选点技术得到的 n 维空间中的权重以及相应的积分点;N_n^k 为积分点的个数;$T^{-1}(\xi_l)$ 为任意分布的输入变量 $\boldsymbol{X}$ 向积分点空间变换函数的反函数;$\boldsymbol{x}_l$ 是在第 l 个积分点 ξ_l 处的变量 $\boldsymbol{X}$ 的值。例如:对于均值和方差分别为 μ_X 和 σ_X 的正态随机变量 $\boldsymbol{X}$,如果采用 Gaussian-Hermit 多项式的零点作为一维积分点,那么 $\boldsymbol{x}_l = T^{-1}(\xi_l) = \mu_X + \xi_l \boldsymbol{C}_{\sigma_X}$,$\boldsymbol{C}_{\sigma_X}$ 为对角线元素各变量标准差的 $n \times n$ 维矩阵。实际运算中,在采用式(3.39)求解积分时,并不需要知道 $g(T^{-1}(\xi_l))$ 的具体表达式,只需将积分点处的 ξ_l 值变换到原始变量空间即可。因此,运用式(3.39)可以求解动态系统失效概率的各阶矩。

3.4.2 基于 SGI 和 Edgeworth 级数的累积分布函数求解方法

对于模型 $Y = g(\boldsymbol{X})$，它的输入变量为不确定性向量为 $\boldsymbol{X} = (X_1, X_2, \cdots, X_n)$，则它的输出响应量分布函数在 y 处的值等于输出响应量 Y 小于 y 值的概率，即

$$F_Y(y) = P\{Y \leq y\} \tag{3.39}$$

在此定义新的功能函数为

$$Z(\boldsymbol{X}, y) = g(\boldsymbol{X}) - y \tag{3.40}$$

通过式(3.40)和式(3.41)可得以下关系式

$$F_Y(y) = P\{Z(\boldsymbol{X}, y) \leq 0\} \tag{3.41}$$

式(3.42)表明功能函数 $Z(\boldsymbol{X}, y)$ 的失效概率与模型输出响应量分布函数在 y 处的取值正好相同。由点估计方法的理论[110]可知，失效概率可由功能函数前几阶矩来表达，且矩方法兼有求解简单和收敛性好等优点。根据功能函数四阶矩方法，即存在以下关系式

$$F_Y(y) = P_f\{Z(\boldsymbol{X}, y)\} = P_{f4M} \tag{3.42}$$

式(3.43)中 P_{f4M} 为基于 Edgeworth 级数的功能函数的失效概率[110]，其表达式为

$$P_{f4M} = \Phi(-\beta_{2M}) - \varphi(-\beta_{2M})\left[\frac{1}{6}\alpha_{3Z}H_2(-\beta_{2M}) + \frac{1}{24}(\alpha_{4Z} - 3)H_3(-\beta_{2M}) + \right.$$

$$\left. \frac{1}{72}\alpha_{3Z}^2 H_5(-\beta_{2M}) \right. \tag{3.43}$$

式中：$\Phi(\cdot)$ 和 $\varphi(\cdot)$ 分别为标准正态分布的分布函数和概率密度函数，$H_2(x)$、$H_3(x)$ 和 $H_5(x)$ 分别为二阶、三阶和五阶 Hermit 正交多项式，即

$$\begin{cases} H_2(x) = x^2 - 1 \\ H_3(x) = x^3 - 3x \\ H_5(x) = x^5 - 10x^3 + 15x \end{cases} \tag{3.44}$$

β_{2M} 为功能函数的二阶矩可靠度指标，有

$$\beta_{2M} = \frac{\alpha_{1Z}}{\alpha_{2Z}} \tag{3.45}$$

式中：$\alpha_{lZ}(l = 1, 2, 3, 4)$ 分别表示功能函数 $Z(\boldsymbol{X}, y)$ 的前四阶距，由式(3.41)可

以推导出 $Z(X,y)$ 与 $g(X)$ 各阶矩之间的关系,可以表达如下:

$$\begin{cases} \alpha_{1Z} = \alpha_{1g} - y \\ \alpha_{2Z} = \alpha_{2g} \\ \alpha_{3Z} = \alpha_{3g} \\ \alpha_{4Z} = \alpha_{4g} \end{cases} \tag{3.46}$$

在式(3.47)中,$\alpha_{lg}(l = 1,2,3,4)$ 分别为函数 $g(X)$ 的前四阶矩。

如果确定了输入变量的分布函数,$g(X)$ 的矩就不会改变。通过式(3.46)可以看出:功能函数 $Z(X,y)$ 的一阶矩是 y 的函数,而其他矩没有变化,均与函数 $g(X)$ 对应的矩相同。

由此可见,假如函数 $g(X)$ 的前四阶矩 $\alpha_{lg}(l = 1,2,3,4)$ 能够求解,那么 y 与 $F_Y(y)$ 之间的显性函数关系式就可以建立。这个函数关系式在此记为

$$F_Y(y) = \theta(y) \tag{3.47}$$

其中,$\theta(\cdot)$ 表示映射关系。式(3.48)表明模型输出响应量的分布函数 $F_Y(y)$ 是 y 的单变量函数。

通过 SGI 技术[111-112],模型 $g(X)$ 的前四阶矩 $\alpha_{lg}(l = 1,2,3,4)$ 可由以式(3.49)~式(3.52)4 个表达式进行估计:

$$\alpha_{1g} = \int g(x)f_X(x)\mathrm{d}x \approx \sum_{l=1}^{P} w_l g(x_l) \tag{3.48}$$

$$\alpha_{2g} = \left[\int (g(x) - \alpha_{1g})^2 f_X(x)\mathrm{d}x \right]^{1/2} \approx \left[\sum_{l=1}^{P} w_l (g(x_l) - \alpha_{1g})^2 \right]^{1/2} \tag{3.49}$$

$$\alpha_{3g} = \frac{1}{\alpha_{2g}^3} \int (g(x) - \alpha_{1g})^3 f_X(x)\mathrm{d}x \approx \frac{1}{\alpha_{2g}^3} \sum_{l=1}^{P} w_l (g(x_l) - \alpha_{1g})^3 \tag{3.50}$$

$$\alpha_{4g} = \frac{1}{\alpha_{2g}^4} \int (g(x) - \alpha_{1g})^4 f_X(x)\mathrm{d}x \approx \frac{1}{\alpha_{2g}^4} \sum_{l=1}^{P} w_l (g(x_l) - \alpha_{1g})^4 \tag{3.51}$$

其中,n 维积分点 x_l 以及相应的权重 w_l 可以通过 SGI 方法获得。

3.4.3 重要性测度指标的高效求解流程

对于前面所提的重要性测度指标 $S_{\lambda_i}^{\mathrm{CDF}}$,可运用 SGI 和 Edgeworth 级数相结合的方法进行求解,主要包括以下 4 个步骤。

步骤1:计算系统失效概率的无条件分布函数。首先给定系统工作时间 t_0，指定稀疏网格精度水平 k_1；然后由式(3.37)和式(3.38)获得与系统失效概率函数 $P_f = G(t, \lambda)$ 所对应的 n 维部附件失效率 λ 的积分点 λ_l 及它们的权重 $w_l (l = 1, 2, \cdots, N)$，通过式(3.49)~式(3.52)求解失效概率 P_f 的前四阶矩 $\alpha_{lG} (l = 1, 2, 3, 4)$；最后通过式(3.43)~式(3.47)分别求解系统失效概率的数学期望 $E(P_f)$ 和无条件分布函数 $F_{P_f}(p_f)$。

步骤2:计算部附件失效率 $\lambda_i (i = 1, 2, \cdots, n)$ 的积分点及权重。给定稀疏网格的精度水平 k_2，由式(3.37)和式(3.38)求解部附件失效率 λ_i 的积分点 λ_i^j 及权重 $w_i^j (j = 1, \cdots, m)$。

步骤3:计算系统失效概率的条件分布函数。首先，对于部附件失效率 λ_i 的每一个积分点 λ_i^j，指定稀疏网格精度水平 k_3；然后，由式(3.37)和式(3.38)求解与系统条件失效概率 $P_f | \lambda_i^j = G(t, \boldsymbol{\lambda}_{\sim i})$ 所对应的 $n-1$ 维的积分点 $\lambda_{\sim l}$ 及它们相应的权重 $w_{\sim l} (l = 1, 2, \cdots, N^T)$；接着通过式(3.49)~式(3.52)求解失效概率 $P_f | \lambda_i^j$ 的前四阶矩 $\boldsymbol{\alpha}_{\sim lG} (l = 1, 2, 3, 4)$；最后通过式(3.43)~式(3.47)求解系统失效概率的条件分布函数 $F_{P_f | \lambda_i^j}(p_f) (j = 1, \cdots, m)$。

步骤4:计算重要性测度 $S_{\lambda_i}^{CDF}$。根据步骤1至步骤3所求解的 $F_{P_f}(p_f)$、$F_{P_f | \lambda_i^j}(p_f)$ 和 $E(P_f)$，通过以下式(3.53)和式(3.54)求解重要性测度 $S_{\lambda_i}^{CDF}$。

$$A(\lambda_i^j) = \int |F_{P_f}(p_f) - F_{P_f | \lambda_i^j}(p_f)| \mathrm{d}p_f \tag{3.52}$$

$$S_{\lambda_i}^{CDF}(t_0) = \frac{E_{\lambda_i}(A(\lambda_i))}{E(P_f)} = \frac{\sum_{j=1}^{m} w_i^j A(\lambda_i^j)}{E(P_f)} \tag{3.53}$$

3.5 算例分析

下面通过两个算例验证所提基于失效概率分布函数的重要性测度指标的可行性和 SGI-ES 算法的高效性。

3.5.1 流体控制系统

图 3.6 为一个流体控制系统示意图[113]，其主要功能是控制流体的工作状

态。如果控制系统正常工作,流体将能够从 A 端流到 B 端,否则流体无法到达 B 端。该系统由 V_1、V_2 和 V_3 等 3 个部件组成,它们的失效率皆服从对数正态分布,具体参数见表 3.1。

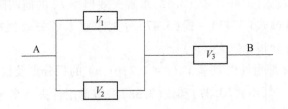

图 3.6　流体控制系统示意图

表 3.1　流体控制系统的部附件失效率分布参数

部附件	均值(10^{-2})	方差(10^{-5})
λ_1	4	2
λ_2	2	1
λ_3	1	0.5

流体控制系统的失效概率函数为

$$P_f = P_{f\lambda_1} P_{f\lambda_2} + P_{f\lambda_3} - P_{f\lambda_1} P_{f\lambda_2} P_{f\lambda_3} \quad\quad (3.54)$$

式中:$P_{f\lambda_1}$、$P_{f\lambda_2}$ 和 $P_{f\lambda_3}$ 分别表示部件 1、部件 2 和部件 3 的失效概率。下面运用上述提出的 MCS 和 SGI-ES 方法,分别对流体控制系统的不确定性进行分析。

（1）给定流体控制系统工作时间为 $t_0 = 30$,预测分析系统失效概率 P_f 的取值规律。

分别采用蒙特卡罗的核密度估计方法（MCS-KDE）和上节建立的 SGI-ES 方法求解系统失效概率,得到流体控制系统失效概率的概率密度曲线如图 3.7 所示,所得到的系统失效概率的均值 μ_{P_f}、标准差 σ_{P_f}、95% 置信度条件下置信区间和函数调用次数的结果见表 3.2。

依据图 3.7 和表 3.2 中的数据,可从两个方面对两种计算方法的效果进行分析。从计算结果看,SGI-ES 和 MCS-KDE 两种方法得到的控制装置系统失效概率的概率密度函数曲线基本一致,对应的均值和标准差差异很小。从计算效率看,与 MCS-KDE 方法调用系统失效概率函数 10^5 次相比,SGI-ES 方法调用失效概率函数的次数大大减少,仅需要 69 次。由此可见,SGI-ES 方法比 MCS-KDE 方法更加高效。

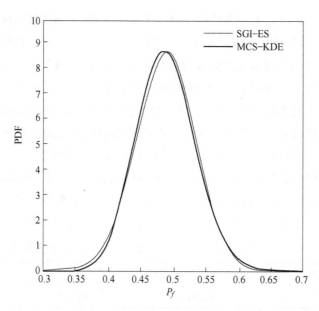

图 3.7　流体控制系统失效概率的概率密度曲线

表 3.2　控制装置系统失效概率的概率密度函数特征信息

特征信息	MCS-KDE	SGI-ES
μ_{P_f}	0.4893	0.4895
σ_{P_f}	0.0451	0.0457
95%区间	[0.4012,0.5780]	[0.4001,0.5787]
N_{call}	1×10^5	69

　　（2）当流体控制系统工作时间 t_0 = 30h 时,分别采用蒙特卡罗方法和 SGI-ES 方法求解部附件失效率 $\lambda_i (i=1,2,3)$ 重要性测度 $S_{\lambda_i}^{CDF}$。表 3.3 列出了两种方法的指标计算结果和功能函数的调用次数。

表 3.3　工作时间给定时部件失效率重要性测度

部附件	MCS	SGI-ES
λ_1	0.0204	0.0217
λ_2	0.0422	0.0459
λ_3	0.0552	0.0596
N_{call}	3×10^7	3174

依据表 3.3 中的数据,可从两个方面对其进行分析。从指标计算结果看,系

统工作时间为 30h 时,两种方法的计算结果基本一致,流体控制系统 3 个部附件失效率的重要性排序结果完全相同,均为 $\lambda_3 > \lambda_2 > \lambda_1$。这一排序结果表明该系统在运行过程中,对系统的失效概率稳定性影响最灵敏的因素是部件 V_3,其次是部件 V_2 和 V_1。因此,为了保证流体控制系统稳定运行,需要在实际维修监控工作中,加强对部附件 V_3 运行情况的检查和控制。从调用功能函数的次数看,在满足精度要求的前提下,SGI-ES 方法调用功能函数的次数远远小于蒙特卡罗方法,因此所提的 SGI-ES 方法比蒙特卡罗方法更加高效。

(3) 流体控制系统工作时间 $t \in [20,50]$ 时,从 20 开始,每间隔 1 取一个 t 值,运用 SGI-ES 方法求解部附件失效率 $\lambda_i(i = 1,2,3)$ 在每个时间点的重要性测度,然后通过式(3.35)计算区间重要性测度 $S_{\lambda_i}^{t_1 t_2}$,结果如表 3.4 所列。

表 3.4　工作时间在区间变化时部附件失效率重要性测度

$t \in [20,50]$	λ_1	λ_2	λ_3
SGI-ES	0.0187	0.0433	0.0541

表 3.4 的计算结果反应了流体控制系统工作时间在区间 [20,50] 的范围内变化时,3 个部附件失效率不确定性对流体控制系统失效概率的影响程度排序为 $\lambda_3 > \lambda_2 > \lambda_1$。即部附件 V_3 失效率对系统的失效概率的影响最大。在实际操作时,应重点关注部附件 V_3 的工作状况。

3.5.2　飞机电液舵机系统

图 3.8 为某飞机舵面电液舵机系统的主控制装置结构示意图[114]。通过功

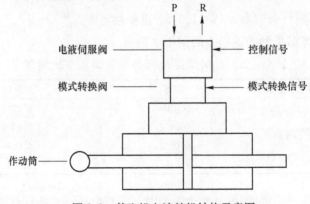

图 3.8　某飞机电液舵机结构示意图

能危险分析可知,"舵机不工作"这一失效状态会导致严重性飞行事故的发生,因此有必要对它进行深入研究和探讨。

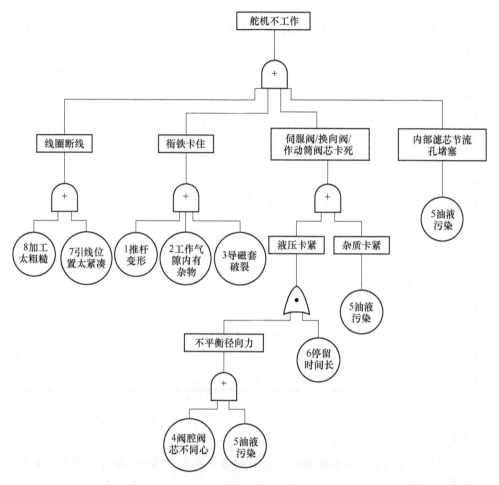

图 3.9　飞机舵面电液舵机系统的故障树

依据飞机舵面电液舵机系统的主控制舵机结构原理和经验数据,对"舵机不工作"的原因进行分析。导致"舵机不工作"的主要原因包括:衔铁卡住(导磁套破裂、工作气隙内有杂物、推杆变形等)、换向阀/伺服阀/作动筒阀芯卡死(杂质卡紧、液压卡紧)、线圈断线和内部滤芯节流孔堵塞等。据此可构建如图 3.9 所示的故障树。

根据图 3.9 所示的故障树,可求得飞机舵面电液舵机系统的失效概率函

数为

$$P_s = 1 - (1 - P_{f\lambda_1})(1 - P_{f\lambda_2})(1 - P_{f\lambda_3})(1 - P_{f\lambda_5})(1 - P_{f\lambda_7})(1 - P_{f\lambda_8})$$
$$(1 - P_{f\lambda_4} P_{f\lambda_6}) \tag{3.55}$$

式中：P_s 表示飞机舵面电液舵机系统的失效概率；$P_{f\lambda_i}(i = 1,2,\cdots,8)$ 表示故障树中 8 个底事件对应部件的失效概率，$\lambda_i(i = 1,2,\cdots,8)$ 为对应于各部件的失效率，其中 1~8 分别表示不同的底事件，依次为："推杆变形""工作气隙内有杂物""导磁套破裂""阀腔阀芯不同心""油液污染""停留时间长""引线位置太紧凑"和"加工太粗糙"。且各部件的失效率皆服从对数正态分布，具体参数见表 3.5。

表 3.5　故障树中 8 个底事件失效率的分布参数

部附件	均值/10^{-2}	方差/10^{-5}
λ_1	3.2	2
λ_2	2	1
λ_3	3	1.5
λ_4	10	5
λ_5	6	5
λ_6	2.5	1
λ_7	1.5	0.8
λ_8	1	0.5

下面分别运用蒙特卡罗方法和 SGI-ES 方法，对飞机电液舵机系统的不确定性进行分析。

（1）给定飞机电液舵机系统工作时间要求为 $t_0 = 5000$，预测分析系统失效概率 P_f 的取值规律。

分别采用 MCS-KDE 方法和 SGI-ES 方法求解飞机电液舵机系统失效概率，所得到系统失效概率的概率密度曲线如图 3.10 所示，所得到的系统失效概率的均值 μ_{P_f}、标准差 σ_{P_f}、95%置信度下的置信区间和函数调用次数见表 3.6。

依据图 3.10 和表 3.6 中的数据，可从两个方面对两种计算方法的效果进行分析。从计算结果看，两种方法得到的系统失效概率的均值和标准差也非常接近，概率密度曲线大致相同。从计算效率看，采用 MCS-KDE 方法需要调用流体控制系统失效概率函数的次数高达 10^5 次，而采用 SGI-ES 方法调用功能函数仅需849次。由此可见,SGI-ES方法比MCS-KDE方法的计算效率更加高效。

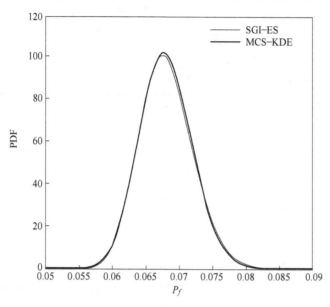

图3.10 飞机电液舵机系统失效概率的概率密度曲线

表3.6 系统失效概率的概率密度函数特征信息

特征信息	MCS-KDE	SGI-ES
μ_{P_f}	0.0681	0.0680
σ_{P_f}	0.0040	0.0041
95%区间	$[0.0603, 0.0759]$	$[0.0605, 0.0756]$
N_{call}	1×10^5	849

　　(2)系统工作时间 $t_0 = 5000\text{h}$ 时,分别采用 MCS 和 SGI-ES 两种方法对部附件失效率 $\lambda_i(i = 1,2,\cdots,8)$ 的重要性测度指标进行求解,表3.7列出了两种方法的指标计算结果和功能函数的调用次数。

　　依据表3.7中的数据,可从两个方面对其进行分析。从计算结果看,当电液舵机系统工作时间为5000h时,两种方法所计算的8个部附件失效率的重要性测度值基本相同,得到的各部附件失效率重要性排序完全相同,均为 $\lambda_5 > \lambda_1 > \lambda_3 > \lambda_2 > \lambda_7 > \lambda_8 > \lambda_6 > \lambda_4$,这表明油液污染、推杆变形和导磁套破裂3个因素对系统失效概率的影响较大。在实际工作中,应及时清理系统中的油液污染问题,积极监控推杆和导磁套的工作情况,保证飞机电液舵机系统的正常运转。从调用功能函数的次数看,在满足精度要求的前提下,SGI-ES 方法调用功能函数的次数远远小于蒙特卡罗方法。该算例再次表明:与传统的蒙特卡罗方法相比,所提的 SGI-ES 方法更加高效。

表 3.7 工作时间给定时底事件失效率重要性测度

部附件	MCS	SGI-ES
λ_1	0.0691	0.0654
λ_2	0.0432	0.0447
λ_3	0.0567	0.0561
λ_4	0.0001	0.0001
λ_5	0.1135	0.1085
λ_6	0.0002	0.0002
λ_7	0.0381	0.0389
λ_8	0.0296	0.0299
N_{call}	8×10^7	8349

(3) 舵机系统工作时间为 [3500,6500] 时,从 3500 开始,每间隔 100 取一个 t 值,运用 SGI-ES 方法求解部件失效率 $\lambda_i(i = 1,2,\cdots,8)$ 在每个时间点的 $S_{\lambda_i}^{\text{CDF}}$,然后通过式(3.35)计算重要性测度 $S_{\lambda_i}^{t_1 t_2}$,结果如表 3.8 所列。

表 3.8 工作时间在区间变化时底事件失效率重要性测度

$t \in [3500,6500]$	λ_1	λ_2	λ_3	λ_4
SGI-ES	0.0641	0.0435	0.0551	0.0001
$t \in [3500,6500]$	λ_5	λ_6	λ_7	λ_8
SGI-ES	0.1066	0.0002	0.0383	0.0294

由表 3.8 的计算结果可知,舵机系统工作时间在区间 [3500,6500] 变化时,8 个底层事件的失效率不确定性对该电液舵机系统失效概率的影响程度排序为 $\lambda_5 > \lambda_1 > \lambda_3 > \lambda_2 > \lambda_7 > \lambda_8 > \lambda_6 > \lambda_4$。因此,为了保证飞机电液舵机系统的正常运转,在实际工作中,应经常开展油液污染检测工作,根据实际情况清理油液系统,避免油液污染问题的发生,同时要积极监控和维护推杆和导磁套,防止推杆变形和导磁套破裂。

3.6 小结

针对工程中系统安全性的不确定性分析问题,本章研究了动态系统失效概率的重要性测度分析方法。

首先,研究了动态系统失效概率的特点。在实际工程中,系统部附件失效率统计结果由于受到内外界环境、人的认知水平和试验数据等不确定性因素的影响,使得它也具有很大的不确定性。当采用概率分布函数表达系统部附件的失效率的取值时,部附件失效率的不确定性经过系统失效概率函数的正向传递,使得系统失效概率也具有一定的不确定性。当系统工作时间变化时,系统失效概率分布函数则随着时间变化而发生变化。

其次,提出了两种新的基于系统失效概率分布函数的系统安全性矩独立重要性测度:$S_{\lambda_i}^{\text{CDF}}$ 和 $S_{\lambda_i}^{t_1 t_2}$。矩独立重要性测度 $S_{\lambda_i}^{\text{CDF}}$ 反映了工作时间给定时部附件失效率的不确定性对系统失效概率分布函数的平均影响,$S_{\lambda_i}^{t_1 t_2}$ 反应了动态系统在一定时间区间变化时部附件失效率不确定性对系统失效概率分布函数的累积影响。这两种方法分别解决了系统工作时间给定和在区间变化两种情况下,部附件失效率不确定对系统失效概率不确定性的影响程度的度量问题,为动态系统部附件失效率重要性测度分析提供一种可供选择的方法,其分析结果能够帮助相关人员找到对系统失效概率有重大贡献的部附件,从而提出具有针对性的措施。

最后,研究了重要性测度的高效算法。由于传统的蒙特卡罗方法求解所提矩独立重要性测度的计算成本非常庞大,不适合解决复杂的工程问题,为了解决这一问题,本章将 SGI 技术和 ES 方法相结合,提出了一种高效的重要性测度求解算法,在保证计算精度的同时,能够大大降低功能函数调用次数,显著地提高了重要性测度求解效率,算例结果证明了所提高效算法的可行性和高效性。

第4章
系统安全寿命的重要性测度分析

由前两章的讨论可知,系统失效概率是衡量系统安全性大小的一个重要指标,在动态系统中系统失效概率与其工作时间和各底层部附件的失效率密切相关。然而,在实际工程中,人们对给定系统失效概率情况下的系统工作时间也特别关注,在此将其定义为系统安全寿命。系统安全寿命是用来表征给定系统失效概率情况下系统的安全工作时间,是衡量系统安全性大小的又一个重要指标,系统的安全性寿命越长,表明该系统的安全性越好。

在传统的安全性分析与设计中,一般假定系统底层部附件的失效率为一个常数,其失效概率是工作时间的单调递减函数。如果建立了部附件失效概率函数的解析表达式,则给定一个系统失效概率,就可以求出对应的安全寿命。由于系统是由多个部附件按照特定功能关系构成的一个有机整体,系统安全寿命可以由底层部附件失效率的关系式表达,因此当系统底层部附件的失效率皆为定值时,给定一个系统的失效概率,就有一个系统安全寿命与之对应。然而如前文所述,在实际工程中不确定性具有一定的普遍性,并对系统安全寿命带来重要影响。在部附件失效率为不确定性变量的情况下,部附件失效率的不确定性经过系统失效概率的反函数传递到系统安全寿命,使得系统安全寿命也具有一定的不确定性。为了有效指导系统安全性的设计与优化,更好地监控和维护系统性能,有必要对系统安全寿命的不确定性进行分析。

系统安全寿命的不确定性分析也主要包括正向分析和重要性测度分析。通过不确定性正向分析,能够预估不确定性部附件失效率条件下系统安全寿命的取值规律。而逆向分析,即重要性测度分析,主要研究系统安全寿命的不确定性向系统底层部附件失效率不确定性的分配问题,通过不确定性重要性测度分析,可识别影响系统安全寿命的主、次部附件失效率及各个部附件失效率对系统安全寿命的交互作用影响,从而对系统安全性的分析、预测与优化提供理论指导。

关于不确定性部附件失效率下的系统安全寿命的不确定性分析,目前相关研究还比较少。虽然文献[85]研究了给定系统失效概率情况下的部附件失效率重要性测度,提出了系统工作时间的方差重要性测度及其高效算法,但这一方法是通过系统工作时间的方差来提取不确定性信息,难免存在很大的信息遗失问题。因此,有必要对这一问题做进一步研究。

为了有效分析系统安全寿命的不确定性,本章假定系统部附件的失效率为不确定性变量,首先对不确定性部附件失效率条件下的系统安全寿命进行预测分析,揭示不确定性条件下系统安全寿命的特点和规律;然后借鉴 Borgonovo 矩独立重要性测度分析的基本思想,结合系统安全寿命分布函数能够反映其完整不确定性信息这一特点,提出了一种基于系统安全寿命分布函数的矩独立重要性测度指标,用来分析系统部附件失效率的重要性程度。最后,针对重要性测度指标难以求解和计算成本过高的难题,提出了一种基于变异系数(coefficient of variation, CV)自适应学习函数的 Kriging 代理模型的高效算法,大大提高了该重要性测度的求解效率。

4.1　系统安全寿命的特点分析

4.1.1　确定性失效率下系统安全寿命的特点分析

假设某系统由 n 个部附件组成, $\boldsymbol{\lambda} = (\lambda_1, \lambda_2 \cdots, \lambda_n)$ 表示各部附件的失效率, λ_i 表示第 i 个部附件的失效率。部附件的失效概率一般采用指数模型来描述,设第 i 个部附件失效概率的表达式为

$$P_f^i(t, \lambda_i) = 1 - e^{-\lambda_i t} \tag{4.1}$$

由式(4.1)可以看出,部附件的失效概率是以它的失效率和工作时间为输入变量的函数。由于系统是由多个部附件按照一定结构关系组成的一个有机整体,所以系统失效概率是系统部附件失效率 $\boldsymbol{\lambda}$ 和工作时间 t 的函数。设系统失效概率的函数表达式为

$$P_f = G(t, \boldsymbol{\lambda}) \tag{4.2}$$

在部附件的失效率为常数的情况下,对于任意给定的系统失效概率 P_f,通过式(4.2)的反函数可以得到系统的安全寿命,其表达式为

$$t_r = G^{-1}(P_f, \boldsymbol{\lambda}) \qquad (4.3)$$

由式(4.3)可知,当$\boldsymbol{\lambda}$为常数时,系统安全寿命t_r仅与系统失效概率P_f有关。图4.1为部附件失效率为常数$\boldsymbol{\lambda}^*$时,系统安全寿命t_r与系统失效概率P_f之间的对应关系。

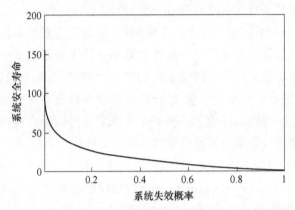

图4.1 系统安全寿命随着系统失效概率的变化曲线

由图4.1可知,在系统结构不变的情况下,当系统部附件失效率为常数$\boldsymbol{\lambda}^*$时,系统安全寿命与系统失效概率呈现一一对应关系,给定一个系统失效概率P_f,就有一个与之对应的系统安全寿命t_r,且系统安全寿命随着系统失效概率的增大而减少。

4.1.2 不确定性失效率下系统安全寿命的特点分析

在实际工程中,由于各种不确定性因素对部附件失效率$\boldsymbol{\lambda}$的影响,使得系统部附件的失效率也为一个不确定性变量,在此设定它的取值规律服从对数正态分布。在系统失效概率P_f给定的情况下,部附件失效率$\boldsymbol{\lambda}$的不确定性经式(4.3)传递到系统安全寿命t_r,使得安全寿命t_r也具有一定的不确定性。为此,采用蒙特卡罗数值模拟法,可求解出系统失效概率为常数P_{f_0}时不同部附件失效率对应的系统安全寿命t_r,进而可以求解出它的分布特征。图4.2为某系统失效概率为常数P_{f_0}时系统安全寿命t_r的分布函数示意图。

由于当系统失效概率P_f变化时,不同的系统失效概率P_f所求解的系统安全寿命的取值规律是不同的,它们对应的系统安全寿命t_r的分布函数也不同,因此系统安全寿命t_r的分布函数是系统失效概率P_f的函数。图4.3为某系统失效

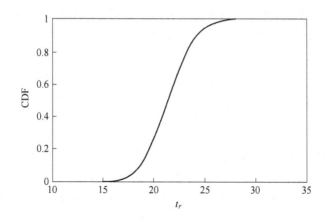

图 4.2 给定系统失效概率情况下系统安全寿命的累积分布函数曲线

概率 P_f 变化时系统安全寿命的分布函数随之变化的示意图,随着系统失效概率 P_f 的增大,系统安全寿命的分布函数曲线逐渐向左平移。

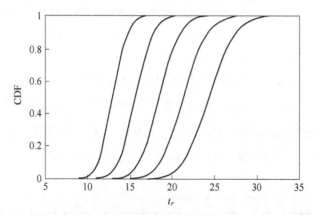

图 4.3 系统安全寿命分布函数随失效概率变化而变化的曲线

4.1.3 不确定性失效率下系统安全寿命的预测分析

当系统部附件失效率 $\boldsymbol{\lambda}$ 为随机变量时,系统安全寿命 t_r 为失效概率函数 P_f 和部附件失效率 $\boldsymbol{\lambda}$ 的多变量函数。如果给定系统失效概率固定值 P_{f_0},那么运用蒙特卡罗模拟仿真技术,就可以估算出对应系统安全寿命 t_r 的取值特征,具体步骤如下:

（1）获取系统部附件失效率 $\boldsymbol{\lambda}$ 的样本点。根据部附件失效率的概率密度函数，随机抽取 M 组 n 维系统部附件失效率 $\boldsymbol{\lambda}$ 的样本点 $A(M \times n)$：

$$A = \begin{bmatrix} \boldsymbol{\lambda}_1 \\ \boldsymbol{\lambda}_2 \\ \vdots \\ \boldsymbol{\lambda}_M \end{bmatrix} = \begin{bmatrix} \lambda_{11} & \lambda_{12} & \cdots & \lambda_{1n} \\ \lambda_{21} & \lambda_{22} & \cdots & \lambda_{2n} \\ \vdots & \vdots & \ddots & \vdots \\ \lambda_{M1} & \lambda_{M2} & \cdots & \lambda_{Mn} \end{bmatrix} \tag{4.4}$$

（2）计算与部附件失效率 λ 样本点对应的系统安全寿命随着系统失效概率的变化曲线。在式（4.4）中，对于任意一组 $\lambda_k = (\lambda_{k1}, \lambda_{k2}, \cdots, \lambda_{kn})(k = 1, 2, \cdots, M)$，将其代入函数 $P_f = G(t, \boldsymbol{\lambda})$，此时 P_f 仅为系统安全寿命 t 的单变量函数，即 $P_{f_k} = G(t, \boldsymbol{\lambda}_k)$，进而可以求得如图 4.1 所示的系统安全寿命随着系统失效概率的变化曲线。

（3）计算与部附件失效率 $\boldsymbol{\lambda}_k$ 样本点对应的系统安全寿命。当设定系统失效概率为定值 P_{f_0} 时，由上述曲线可得对应的系统安全寿命 $t_k = G^{-1}(P_{f_k}, \boldsymbol{\lambda}_k)$。

（4）计算与系统部附件失效率所有样本点对应的系统安全寿命。遍历部附件失效率样本 $A(M \times n)$ 中的所有样本点，按照步骤（2）和（3），求得对应的全部系统安全寿命样本 $(t_{r1}, t_{r2}, \cdots, t_{rM})$。

（5）估算系统安全寿命的概率密度函数及其数值特征。根据步骤（4）所计算的 $(t_{r1}, t_{r2}, \cdots, t_{rM})$，分别计算系统安全寿命 t_r 的均值 μ_t、标准差 σ_t 和对应于置信度 q 的安全寿命置信区间 $[\underline{t}(P_{f_0}, q), \overline{t}(P_{f_0}, q)]$，并运用核密度估计技术生成系统安全寿命 t_r 的概率密度函数曲线。

4.2　基于安全寿命分布函数的重要性测度指标

4.2.1　相关重要性测度指标回顾

为了更好地分析部附件失效率的不确定性对系统安全寿命不确定性的影响程度，文献[85]提出了部附件失效率不确定性对系统工作时间不确定性的重要性测度指标，该指标依据 Sobol 等所提出基于方差重要性测度分析的基本思想，探讨了系统失效概率给定时，部附件失效率的不确定性对系统工作时间灵敏度分析方法,并提出了方差重要性测度指标。下面对该指标进行简单介绍。

在系统失效概率为给定值 P_{f_0} 的情况下,当部附件失效率 λ 按其分布规律取值时,就可以根据 4.1.3 节所述方法获得系统正常工作时间 T 的分布规律。为了评估部附件失效率 λ 不确定性重要性程度,文献[85]建立了基于系统正常工作时间方差的重要性测度指标,该指标的表示式为

$$S_{\lambda_i}^T = \frac{V_{\lambda_i}[E_{\lambda_i}(T|\lambda_i)]}{V(T)} \tag{4.5}$$

式中:$S_{\lambda_i}^T$ 为系统失效概率为给定值 P_{f_0} 时,第 i 个部附件失效率的重要性测度指标;$V(T)$ 为系统正常工作时间的无条件方差;$E_{\lambda_i}(T|\lambda_i)$ 为基本变量 λ_i 取其某个实现值 λ_i^* 时系统正常工作时间的条件均值;$V_{\lambda_i}[E_{\lambda_i}(T|\lambda_i)]$ 为第 i 个部附件失效率取所有实现值时系统正常工作时间的条件均值的方差。

虽然通过式(4.5)可以对系统部附件失效率的重要性进行分析,并且该指标具有物理性质明确和便于计算等优点,但由于该方法建立在方差的基础之上,在系统失效概率给定的条件下,仅仅通过系统工作时间的方差衡量其不确定性,存在很大的信息遗失问题。为了避免不确定性信息的遗失,本节在分析部附件失效率的不确定性对系统安全寿命不确定性的影响程度时,借鉴 Borgonovo 矩独立重要性分析思想,从系统安全寿命分布函数的角度来对部附件失效率的重要性进行分析。

4.2.2 部附件失效率的矩独立重要性测度指标

1. 矩独立重要性测度指标构建

为了分析不确定性部附件失效率对系统安全寿命不确定性的影响,依据 Borgonovo 的矩独立重要性测度分析思想,下面来探讨基于系统安全寿命分布函数的矩独立重要性测度指标。

对于由式(4.3)表达的系统安全寿命函数,设部附件失效率 $\boldsymbol{\lambda} = (\lambda_1, \lambda_2, \cdots, \lambda_n)$ 的联合概率密度函数为 $f(\boldsymbol{\lambda})$,它的第 i 个部附件失效率 λ_i 的概率密度函数为 $f_i(\lambda_i)$。假设系统失效概率为常数 p_0,依据系统部附件失效率的联合概率密度函数 $f(\boldsymbol{\lambda})$,随机抽取部附件失效率的样本,通过式(4.3)可得到对应的系统安全寿命 t_r,进而得到它的无条件分布函数,记为 $F_{t_r}(t_r)$;当第 i 个部附

件的失效率按照其概率密度函数 $f_i(\lambda_i)$ 取任意实现值 λ_i^* 时,由于部附件失效率 λ_i 取固定值而使其不确定性消失,从而使得对应的系统安全寿命 t_r 的取值规律发生了相应的变化,这种情况依据部附件失效率 $\lambda_{\sim i}$(除 λ_i 之外其他部附件的失效率组合)的联合概率密度函数 $f(\boldsymbol{\lambda}_{\sim i})$,随机抽取系统部附件失效率的样本,通过式(4.3)可得到对应的系统安全寿命 t_r,进而可得到系统安全寿命 t_r 的条件分布函数,记为 $F_{t_r \mid \lambda_i}(t_r)$。由此可见,通过 $F_{t_r}(t_r)$ 与 $F_{t_r \mid \lambda_i}(t_r)$ 之间的差异,能够表征部附件失效率 λ_i 取实现值 λ_i^* 时它的不确定性对系统安全寿命分布函数的影响程度。图4.4为某系统的 $F_{t_r}(t_r)$ 曲线与 $F_{t_r \mid \lambda_i}(t_r)$ 曲线,两条分布函数之间的差异可由式(4.6)所表达的积分值 $A_T(\lambda_i)$ 来计算,$A_T(\lambda_i)$ 的几何示意为图4.4中阴影部分的面积。

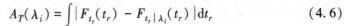

$$A_T(\lambda_i) = \int \left| F_{t_r}(t_r) - F_{t_r \mid \lambda_i}(t_r) \right| \mathrm{d}t_r \tag{4.6}$$

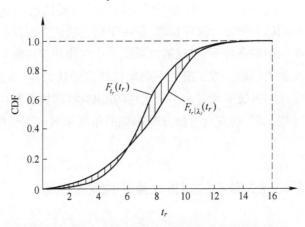

图4.4　系统安全寿命的条件和无条件分布函数曲线

由于 λ_i 为不确定性变量,当 λ_i 按照它的 $f_i(\lambda_i)$ 取所有可能实现值时,$A_T(\lambda_i)$ 的平均值可表示为

$$E_{\lambda_i}(A_T(\lambda_i)) = \int f_i(\lambda_i) A_T(\lambda_i) \mathrm{d}\lambda_i \tag{4.7}$$

式(4.7)中的 $E_{\lambda_i}(A_T(\lambda_i))$ 反映了部附件失效率 λ_i 的不确定性对系统安全寿命 t_r 分布函数的平均影响;由式(4.6)和式(4.7)可知,$E_{\lambda_i}(A_T(\lambda_i))$ 的量纲取决于 $A_T(\lambda_i)$ 的量纲,而 $A_T(\lambda_i)$ 的量纲取决于系统安全寿命 t_r 的量纲。因此,为了消除量纲对指标的影响,本节将式(4.8)定义为基于系统安全寿命的矩独立重要性测度:

$$S_{T\lambda_i}^{\text{CDF}} = \frac{E_{\lambda_i}(A_T(\lambda_i))}{E(t_r)} \tag{4.8}$$

由于系统安全寿命 $t_r \geqslant 0$,它的无条件分布函数 $F_{t_r}(t_r)$ 和条件分布函数 $F_{t_r|\lambda_i}(t_r)$ 均介于 0 和 1 之间,因此系统安全寿命 t_r 的数学期望 $E(t_r) \geqslant 0$。由式(4.6)和式(4.7)可以推断出:$A_T(\lambda_i) \geqslant 0$ 和 $E_{\lambda_i}(A_T(\lambda_i)) \geqslant 0$,式(4.8)表示重要性测度 $S_{T\lambda_i}^{\text{CDF}}$ 为没有量纲的非负数。

由重要性测度 $S_{T\lambda_i}^{\text{CDF}}$ 的定义可以推断出:$S_{T\lambda_i}^{\text{CDF}}$ 越大,表明与之对应的部附件失效率 λ_i 的不确定性对系统安全寿命 t_r 不确定性的影响越大,反之亦然。因此,根据部附件失效率对应的 $S_{T\lambda_i}^{\text{CDF}}$ 的大小,可以判断出系统各个部附件失效率的重要性程度。

将式(4.8)表示的一个系统部附件失效率矩独立重要性测度指标,推广到一组部附件失效率 $\lambda_1, \lambda_2, \cdots, \lambda_s$ 的重要性测度,该重要性测度定义如下:

$$S_{T\lambda_1,\lambda_2,\cdots,\lambda_s}^{\text{CDF}} = \frac{E_{\lambda_1,\lambda_2,\cdots,\lambda_s}(A_T(\lambda_1,\lambda_2,\cdots,\lambda_s))}{E(t_r)} \tag{4.9}$$

$$E_{\lambda_1,\lambda_2,\cdots,\lambda_s}(A_T(\lambda_1,\lambda_2,\cdots,\lambda_s))$$
$$= \int_{-\infty}^{+\infty} f_{\lambda_1,\lambda_2,\cdots,\lambda_s}(\lambda_1,\lambda_2,\cdots,\lambda_s) \times \left(\int_{-\infty}^{+\infty} |F_{t_r}(t_r) - F_{t_r|\lambda_1,\lambda_2,\cdots,\lambda_s}(t_r)| \mathrm{d}t_r \right) \mathrm{d}\lambda_1, \mathrm{d}\lambda_2, \cdots, \mathrm{d}\lambda_s$$
$$\tag{4.10}$$

式中:$f_{\lambda_1,\lambda_2,\cdots,\lambda_s}(\lambda_1,\lambda_2,\cdots,\lambda_s)$ 表示这组输入变量 $\lambda_1, \lambda_2, \cdots, \lambda_s$ 的联合概率密度函数;$F_{t_r|\lambda_1,\lambda_2,\cdots,\lambda_s}(t_r)$ 表示当 $\lambda_1, \lambda_2, \cdots, \lambda_s$ 取其实现值时系统安全寿命 t_r 的条件分布函数。

2. 重要性测度指标的性质

依据基于系统安全寿命分布函数的矩独立重要性测度指标的定义,可以推导出该指标具有如下相关性质:

性质 1:$S_{T\lambda_i}^{\text{CDF}} \geqslant 0$。

性质 2:若 $S_{T\lambda_i}^{\text{CDF}} = 0$,则表明部附件失效率 λ_i 对系统安全寿命的取值规律没有影响。

性质 3:若 $S_{T\lambda_i\lambda_j}^{\text{CDF}} = S_{T\lambda_i}^{\text{CDF}}$,则表明在部附件失效率 λ_i 对系统安全寿命的影响基础上增加随机变量 λ_j 时,对系统安全寿命的取值规律没有影响。

性质 4:$S_{T\lambda_i}^{\text{CDF}} \leqslant S_{T\lambda_i\lambda_j}^{\text{CDF}} \leqslant S_{T\lambda_i}^{\text{CDF}} + S_{T\lambda_i|\lambda_j}^{\text{CDF}}$。

性质 5：$S_{Tmax}^{CDF} = S_{T\lambda_1,\lambda_2,\cdots,\lambda_m}^{CDF}$。

性质 1、2、3 从定义可以容易推出，下面只给出性质 4、5 的证明过程。

证明：由于

$$\begin{aligned}
|F_{t_r}(t_r) - F_{t_r|\lambda_i\lambda_j}(t_r)| &= |F_{t_r}(t_r) - F_{t_r|\lambda_i}(t_r) + F_{t_r|\lambda_i}(t_r) - F_{t_r|\lambda_i\lambda_j}(t_r)| \\
&\leq |F_{t_r}(t_r) - F_{t_r|\lambda_i}(t_r)| + |F_{t_r|\lambda_i}(t_r) - F_{t_r|\lambda_i\lambda_j}(t_r)|
\end{aligned}$$
(4.11)

对上述不定式两边在其定义域内积分可以得到

$$\begin{aligned}
\int |F_{t_r}(t_r) - F_{t_r|\lambda_i\lambda_j}(t_r)| \, \mathrm{d}t_r &\leq \int |F_{t_r}(t_r) - F_{t_r|\lambda_i}(t_r)| \, \mathrm{d}t_r \\
&+ \int |F_{t_r|\lambda_i}(t_r) - F_{t_r|\lambda_i\lambda_j}(t_r)| \, \mathrm{d}t_r
\end{aligned}$$
(4.12)

对上述不定式两边取数学期望：

$$\begin{aligned}
E(t_r) \cdot S_{T\lambda_i\lambda_j}^{CDF} &= E_{\lambda_i\lambda_j} \int |F_{t_r}(t_r) - F_{t_r|\lambda_i\lambda_j}(t_r)| \, \mathrm{d}t_r \\
&\leq E_{\lambda_i\lambda_j} \int |F_{t_r}(t_r) - F_{t_r|\lambda_i}(t_r)| \, \mathrm{d}t_r \\
&+ E_{\lambda_i\lambda_j} \int |F_{t_r|\lambda_i}(t_r) - F_{t_r|\lambda_i\lambda_j}(t_r)| \, \mathrm{d}t_r
\end{aligned}$$
(4.13)

由于 $F_{t_r|\lambda_i}(t_r)$ 只与 λ_i 有关，而与 λ_j 无关，因而有

$$\begin{aligned}
E_{\lambda_i\lambda_j} \int |F_{t_r}(t_r) - F_{t_r|\lambda_i}(t_r)| \, \mathrm{d}t_r &= E_{\lambda_i} \int |F_{t_r}(t_r) - F_{t_r|\lambda_i}(t_r)| \, \mathrm{d}t_r \\
&= S_{T\lambda_i}^{CDF} \cdot E(t_r)
\end{aligned}$$
(4.14)

$$E_{\lambda_i\lambda_j} \int |F_{t_r|\lambda_i}(t_r) - F_{t_r|\lambda_i\lambda_j}(t_r)| \, \mathrm{d}t_r = S_{T\lambda_i|\lambda_j}^{CDF} \cdot E(t_r)$$
(4.15)

因此可以得到

$$S_{T\lambda_i\lambda_j}^{CDF} \leq S_{T\lambda_i}^{CDF} + S_{T\lambda_i|\lambda_j}^{CDF}$$
(4.16)

如果在部附件失效率 λ_i 的基础上增加部附件失效率 λ_j 对系统安全寿命没有影响，则有

$$\int |F_{t_r}(t_r) - F_{t_r|\lambda_i}(t_r)| \, \mathrm{d}t_r = \int |F_{t_r}(t_r) - F_{t_r|\lambda_i\lambda_j}(t_r)| \, \mathrm{d}t_r$$
(4.17)

如果在部附件失效率 λ_i 的基础上增加部附件失效率 λ_j 对系统安全寿命有影响，则增加部附件失效率 λ_j 会对系统安全寿命分布函数也产生更大影响，有

$$\int |F_{t_r}(t_r) - F_{t_r|\lambda_i}(t_r)| \, \mathrm{d}t_r < \int |F_{t_r}(t_r) - F_{t_r|\lambda_i\lambda_j}(t_r)| \, \mathrm{d}t_r$$
(4.18)

因此

$$S_{T\lambda_i}^{\mathrm{CDF}} \leqslant S_{T\lambda_i\lambda_j}^{\mathrm{CDF}} \leqslant S_{T\lambda_i}^{\mathrm{CDF}} + S_{T\lambda_i \mid \lambda_j}^{\mathrm{CDF}} \tag{4.19}$$

从而证明了性质4。

由性质4可以得出

$$S_{T\lambda_i}^{\mathrm{CDF}} \leqslant S_{T\lambda_i\lambda_j}^{\mathrm{CDF}}, S_{T\lambda_i}^{\mathrm{CDF}} \leqslant S_{T\lambda_i\lambda_j\lambda_k}^{\mathrm{CDF}} \tag{4.20}$$

因而

$$S_{T\max}^{\mathrm{CDF}} = S_{T\lambda_1,\lambda_2,\cdots,\lambda_m}^{\mathrm{CDF}} \tag{4.21}$$

从而性质5得以证明。

3. 重要性测度指标的蒙特卡罗数值模拟法

依据大数定理,运用蒙特卡罗方法,下面给出基于系统安全寿命的矩独立重要性测度指标 $S_{T\lambda_i}^{\mathrm{CDF}}$ 的一般求解方法及步骤。

步骤1 计算系统安全寿命 t_r 的无条件分布函数 $F_{t_r}(t_r)$。首先,给定失效概率为定值 p_0,并根据部附件失效率 $\boldsymbol{\lambda}$ 的联合概率密度函数 $f(\boldsymbol{\lambda})$,生成 N 组样本 $\boldsymbol{\lambda}_k = (\lambda_{k1},\lambda_{k2},\cdots,\lambda_{kn})^{\mathrm{T}}(k=1,\cdots,N)$;然后对于每一个 $\boldsymbol{\lambda}_k$,按照4.1.3节所描述的方法,求解与之对应的系统安全寿命 $t_k = G^{-1}(p_0,\boldsymbol{\lambda}_k)$;最后,根据所计算的 N 组系统安全寿命样本 $\{t_{r1},t_{r2},\cdots,t_{rN}\}$,估算安全寿命 t_r 的数学期望 $E(t_r)$ 及无条件分布函数 $F_{t_r}(t_r)$。

步骤2 计算系统安全寿命 t_r 的条件分布函数 $F_{t_r \mid \lambda_{ik}}(t_r)$。首先,对每一个部附件失效率 $\lambda_i(i=1,\cdots,n)$,根据其概率密度函数 $f_i(\lambda_i)$ 获取 N 个样本 $(\lambda_{i1},\lambda_{i2},\cdots,\lambda_{iN})$;然后,分别将部附件失效率 λ_i 固定在 $\lambda_{ik}(k=1,2,\cdots,N)$,再根据部附件失效率 $\boldsymbol{\lambda}_{\sim i}$ 的联合概率密度函数 $f(\boldsymbol{\lambda}_{\sim i})$,生成 N 组样本 $(\boldsymbol{\lambda}_{\sim i1},\boldsymbol{\lambda}_{\sim i2},\cdots,\boldsymbol{\lambda}_{\sim iN})$,然后对于每一组 $\boldsymbol{\lambda}_{\sim ik}(k=1,2,\cdots,N)$,按照4.1.3节所描述的方法,求解与之对应的系统安全寿命 $t_k = G^{-1}(p_0,\boldsymbol{\lambda}_{\sim ik})$,进而求解对应安全寿命的条件分布函数 $F_{t_r \mid \lambda_{ik}}(t_r)$。

步骤3 计算与部附件失效率 λ_i 对应的 $E_{\lambda_i}(A_T(\lambda_i))(i=1,\cdots,n)$。对每一个部附件失效率 λ_i,根据步骤2所求解的安全寿命条件分布函数 $F_{t_r \mid \lambda_{ik}}(t_r)$ 和步骤1求解的安全寿命无条件分布函数 $F_{t_r}(t_r)$,通过式(4.6)和式(4.7)求解与之对应的 $E_{\lambda_i}(A_T(\lambda_i))$。

步骤4 计算与部附件失效率 λ_i 对应的重要性测度 $S_{T\lambda_i}^{\mathrm{CDF}}$。根据前面所求的系统安全寿命 t_r 的数学期望 $E(t_r)$ 及 $E_{\lambda_i}(A_T(\lambda_i))$,通过式(4.8)分别求解与部附件失效率 λ_i 对应的重要性测度 $S_{T\lambda_i}^{\mathrm{CDF}}$。

由以上求解流程可知,重要性测度 $S_{T\lambda_i}^{CDF}$ 的计算是一个嵌套的双层循环过程,采用蒙特卡罗数值模拟法进行求解,需要花费非常巨大的计算成本,成本主要源自于两个方面。一方面,采用蒙特卡罗数值模拟法求解指标时需要调用大量的系统安全寿命函数。首先,需要调用 N 次系统安全寿命函数,用以估计它的无条件分布函数 $F_{t_r}(t_r)$;其次,对于每一个部附件失效率,需要随机获取 N 个部附件失效率样本;接着,对于每个部附件失效率样本 λ_{ik} ,需调用 N 次系统安全寿命函数,用以估计它的条件分布函数 $F_{t_r|\lambda_{ik}}(t_r)$;最后,通过所求解的 N 个条件分布函数 $F_{t_r|\lambda_{ik}}(t_r)$ 和无条件分布函数 $F_{t_r}(t_r)$,求解第 i 个部附件失效率的重要性测度 $S_{T\lambda_i}^{CDF}$ 。由此可见,对于具有 n 个底层部附件的系统,要求解它们的矩独立重要性测度,总共需要调用 $N+n(N\times N)$ 次系统安全寿命函数。另一方面,调用一次安全寿命函数求解系统安全寿命需要的成本很高。系统安全寿命函数是系统失效概率函数的反函数,一般情况下系统安全寿命无法解析表达而往往以隐函数的形式出现,当系统底层部附件数目较多时,系统安全寿命往往无法直接求解而需要采用优化算法,通过不断地迭代循环才可获得,因此调用一次安全寿命函数求解系统安全寿命需要消耗大量的时间和计算机资源。总之,虽然采用蒙特卡罗数值模拟法,可以准确地求解基于系统安全寿命分布函数的重要性测度,但由于该方法的计算成本非常巨大,难以满足实际工程的需要。因此,为了使得该指标能够很好地指导系统安全性的设计、分析与优化工作,就需要进一步研究该重要性测度指标的求解策略,在保证计算精度的前提下,尽量减少系统安全寿命函数的调用次数,最终达到减少指标计算成本的目的。

4.3 基于安全寿命分布函数的重要性测度指标的高效求解

由前面的分析可知,求解重要性测度 $S_{T\lambda_i}^{CDF}$ 的关键是准确估计系统安全寿命的无条件和条件分布函数,这需要调用大量的安全寿命函数来获取尽可能多的系统安全寿命样本。而系统安全寿命函数经常以隐函数的形式存在,使得系统安全寿命难以求解,这进一步增加了重要性测度 $S_{T\lambda_i}^{CDF}$ 的计算成本。因此,要提高重要性测度 $S_{T\lambda_i}^{CDF}$ 的求解效率,减少它的计算成本,关键是要尽量减少系统安全寿命函数的调用次数。为此,本节分别运用 SGI-ES 方法和 Kriging 自适应代理模型法,来解决重要性测度 $S_{T\lambda_i}^{\mathrm{CDF}}$ 的高效求解问题。

4.3.1 基于SGI-ES方法的高效求解方法

根据3.4节所提的SGI-ES方法的基本理论,将Edgeworth级数方法与稀疏网格积分技术相结合,通过Edgeworth级数方法将系统安全寿命分布函数的求解问题转化为基于其前四阶矩的安全寿命估计,通过稀疏网格积分技术将多元函数的积分问题转化成一元函数积分的张量积组合,能够有效降低系统安全寿命函数的调用次数,实现重要性测度 $S_{T\lambda_i}^{\mathrm{CDF}}$ 的高效求解。下面对SGI-ES方法求解重要性测度 $S_{T\lambda_i}^{\mathrm{CDF}}$ 的流程进行简单的介绍,具体步骤如下:

步骤1 计算系统安全寿命的无条件分布函数。首先给定系统失效概率 p_0,指定稀疏网格精度水平 k_1;然后由式(3.37)和式(3.38)获得与系统安全寿命函数 $t_r = G^{-1}(p_0,\boldsymbol{\lambda})$ 所对应的 n 维系统部附件失效率 $\boldsymbol{\lambda}$ 的积分点 $\boldsymbol{\lambda}_l$ 及它们的权重 $w_l(l=1,2,\cdots,N)$,通过式(3.49)至式(3.52)求解系统安全寿命 t_r 的前四阶矩 $\alpha_{lG}(l=1,2,3,4)$;最后通过式(3.43)至式(3.47)求解系统安全寿命 t_r 的数学期望 $E(t_r)$ 及无条件分布函数 $F_{t_r}(t_r)$。

步骤2 计算系统部附件失效率 λ_i($i=1,2,\cdots,n$)的积分点及权重。指定稀疏网格精度水平 k_2,根据SGI-ES方法由式(3.37)和式(3.38)获得单变量函数对应的 λ_i 积分点 λ_i^j 及权重 w_i^j($j=1,\cdots,m$)。

步骤3 计算系统安全寿命的条件分布函数。首先对于部附件失效率 λ_i 的每一个积分点 λ_i^j,指定稀疏网格精度水平 k_3;然后根据SGI-ES方法由式(3.37)和式(3.38)获得与条件系统安全寿命函数 $t_r | \lambda_i^j = G^{-1}(p_0,\boldsymbol{\lambda}_{\sim i})$ 所对应的 $n-1$ 维的积分点 $\boldsymbol{\lambda}_{\sim l}$ 及它们相应的权重 $w_{\sim l}$($l=1,2,\cdots,N^T$);接着通过式(3.49)至式(3.52)求解安全寿命 $t_r | \lambda_i^j$ 的前四阶矩 $\alpha_{\sim lG}(l=1,2,3,4)$;最后通过式(3.43)至式(3.47)求解系统安全寿命 t_r 的条件分布函数 $F_{t_r | \lambda_i^j}(t_r)$($j=1,\cdots,m$)。

步骤4 计算重要性测度 $S_{T\lambda_i}^{\mathrm{CDF}}$。根据步骤1至步骤3所求解的系统安全寿命 t_r 的数学期望 $E(t_r)$、无条件分布函数 $F_{t_r}(t_r)$ 和条件分布函数 $F_{t_r | \lambda_i^j}(t_r)$,可求解重要性测度 $S_{T\lambda_i}^{\mathrm{CDF}}$:

$$A_T(\lambda_i^j) = \int | F_{t_r}(t_r) - F_{t_r | \lambda_i^j}(t_r) | \mathrm{d}t_r \tag{4.22}$$

$$S_{TA_i}^{\mathrm{CDF}}(p_0) = \frac{E_{\lambda_i}(A_T(\lambda_i))}{E(t_r)} = \frac{\sum\limits_{j=1}^{m} w_i^j A_T(\lambda_i^j)}{E(t_r)} \tag{4.23}$$

4.3.2　基于 Kriging 自适应代理模型的重要性测度高效求解方法

Kriging 代理模型是一种建立在估计方差最小条件下的无偏估计模型,由于它具有预测精度高和求解成本低等优点,被广泛应用于输入—输出函数关系复杂或无法显示表达的工程问题求解之中[115-128]。采用 Kriging 代理模型求解重要性测度 $S_{TA_i}^{\mathrm{CDF}}$ 的计算成本,取决于构建 Kriging 代理模型时所需的系统安全寿命的样本量,所需的样本量越少,重要性测度的计算成本越低。为此,本节建立 Kriging 代理模型时,引入了自适应学习函数"Kriging 代理模型预测值的变异系数",在初始样本的基础上,仅需添加少量系统安全寿命样本,就可以构建能够充分近似系统安全寿命函数的 Kriging 代理模型。下面给出该高效算法的基本原理。

1. Kriging 代理模型

设 $\boldsymbol{x} = (x_1, x_2, \cdots, x_n)^{\mathrm{T}}$ 为 n 维输入变量, $y(\boldsymbol{x})$ 为对应的输出变量,则 Kriging 代理模型[115,116] 的表达式为

$$y(\boldsymbol{x}) = \sum_{j=1}^{m} \beta_j f_j(\boldsymbol{x}) + z(\boldsymbol{x}) = \boldsymbol{f}^{\mathrm{T}}(\boldsymbol{x})\boldsymbol{\beta} + z(\boldsymbol{x}) \tag{4.24}$$

式中: $\boldsymbol{f}^{\mathrm{T}}(\boldsymbol{x})\boldsymbol{\beta}$ 为模拟全局设计空间的线性回归多项式的参数部分; $\boldsymbol{\beta} = (\beta_1, \beta_2, \cdots, \beta_m)^{\mathrm{T}}$ 为回归系数列矩阵,可根据试验样本点由极大似然法来估计; $\boldsymbol{f} = (f_1(\boldsymbol{x}), f_2(\boldsymbol{x}), \cdots, f_m(\boldsymbol{x}))^{\mathrm{T}}$ 为基函数列向量, $f_j(\boldsymbol{x})(j=1,2,\cdots,m)$ 为 $\boldsymbol{x}$ 已知时对应的多项式, m 为基函数的个数; $z(\boldsymbol{x})$ 为均值为 0 且方差为 σ^2 的随机过程,用来表示线性回归多项式模拟后剩余的部分,其协方差为

$$\mathrm{Cov}[Z(\boldsymbol{x}_i), Z(\boldsymbol{x}_j)] = \sigma^2 R(\boldsymbol{x}_i, \boldsymbol{x}_j) \quad (i,j=1,2,\cdots,N) \tag{4.25}$$

式中: N 为试验样本量; $R(\boldsymbol{x}_i, \boldsymbol{x}_j)$ 为任意两个实验样本 $\boldsymbol{x}_i$ 和 $\boldsymbol{x}_j$ 之间的空间相关函数,本节选用高斯函数作为相关函数,其形式如下:

$$R(\boldsymbol{x}_i, \boldsymbol{x}_j) = \prod_{k=1}^{n} \exp(-\theta_k |x_{ik} - x_{jk}|^{p_k}) \tag{4.26}$$

式中: n 为输入变量的维数; x_{ik} 和 x_{jk} 分别表示样本点 $\boldsymbol{x}_i$ 和 $\boldsymbol{x}_j$ 的第 k 个分量;相

关性参数 θ_k 和 p_k 为待定参数，$\theta_k \geq 0$，$0 \leq p_k \leq 2$。一般情况，参数 θ_k 可以运用极大似然估计法进行估计；当参数 p_k 为 2 时，式(4.26)所表示的相关函数则转化为两个样本点之间的距离函数。

选取 n_s 组试验样本 $\boldsymbol{X} = (\boldsymbol{x}_1, \boldsymbol{x}_2, \cdots, \boldsymbol{x}_{n_s})$，与之对应的输出响应量为 $\boldsymbol{y} = (y(\boldsymbol{x}_1), y(\boldsymbol{x}_2), \cdots, y(\boldsymbol{x}_{n_s}))^{\mathrm{T}}$，采用最小二乘法可以得到方差为 σ^2 和回归系数列矩阵 $\boldsymbol{\beta} = (\beta_1, \beta_2, \cdots, \beta_m)^{\mathrm{T}}$ 的估计值 $\hat{\sigma}^2$ 与 $\hat{\boldsymbol{\beta}}$：

$$\hat{\boldsymbol{\beta}} = (\boldsymbol{F}^{\mathrm{T}} \boldsymbol{R}^{-1} \boldsymbol{F})^{-1} \boldsymbol{F}^{\mathrm{T}} \boldsymbol{R}^{-1} \boldsymbol{y} \tag{4.27}$$

$$\hat{\sigma}^2 = \frac{1}{n_s}((\boldsymbol{Y} - \boldsymbol{F}\hat{\boldsymbol{\beta}})^{\mathrm{T}} \boldsymbol{R}^{-1}(\boldsymbol{Y} - \boldsymbol{F}\hat{\boldsymbol{\beta}})) \tag{4.28}$$

式中：$\boldsymbol{F}$ 为回归模型矩阵，由 n_s 个实验样本的基函数 $f_j(\boldsymbol{x})$ 构成；$\boldsymbol{R}$ 为 n_s 个试验样本之间的相关函数矩阵。通常情况下相关性参数 θ_k 需要通过优化过程获得，即 θ_k 为使式(4.29)中 φ 取得最大值。

$$\varphi = -\frac{1}{2}(n_s \ln(\hat{\sigma}^2) + \ln|\boldsymbol{R}|) \tag{4.29}$$

式中：$|\boldsymbol{R}|$ 表示相关函数矩阵 $\boldsymbol{R}$ 的行列式值。

对于任意输入样本向量 $\boldsymbol{x}^*$，Kriging 模型的预测值实际上服从正态分布 $N(\hat{y}(\boldsymbol{x}^*), \hat{\sigma}_y^2(\boldsymbol{x}^*))$。Kriging 模型的最优线性无偏估计为

$$\hat{y}(\boldsymbol{x}^*) = \boldsymbol{f}^{\mathrm{T}}(\boldsymbol{x}^*)\hat{\boldsymbol{\beta}} + \boldsymbol{r}^{\mathrm{T}}(\boldsymbol{x}^*)\boldsymbol{R}^{-1}(\boldsymbol{Y} - \boldsymbol{F}\hat{\boldsymbol{\beta}}) \tag{4.30}$$

式中：$\boldsymbol{f}^{\mathrm{T}}(\boldsymbol{x}^*)$ 为 $\boldsymbol{x}^*$ 对应的基函数值组成的回归向量；$\boldsymbol{r}^{\mathrm{T}}(\boldsymbol{x}^*)$ 为 n_s 维列向量，表示输入样本向量 $\boldsymbol{x}^*$ 与试验样本 $\boldsymbol{X} = (\boldsymbol{x}_1, \boldsymbol{x}_2, \cdots, \boldsymbol{x}_{n_s})$ 之间的相关性，具体为

$$\boldsymbol{r}^{\mathrm{T}}(\boldsymbol{x}) = [\boldsymbol{R}(\boldsymbol{x}, \boldsymbol{x}_1), \boldsymbol{R}(\boldsymbol{x}, \boldsymbol{x}_2), \cdots, \boldsymbol{R}(\boldsymbol{x}, \boldsymbol{x}_N)]^{\mathrm{T}} \tag{4.31}$$

Kriging 估计值的方差 $\hat{\sigma}_y^2(\boldsymbol{x}^*)$ 可通过以下公式求解：

$$\hat{\sigma}_y^2(\boldsymbol{x}^*) = \sigma^2(1 - u^{\mathrm{T}}(\boldsymbol{F}^{\mathrm{T}}\boldsymbol{R}^{-1}\boldsymbol{F})^{-1}u - \boldsymbol{r}^{\mathrm{T}}(\boldsymbol{x}^*)\boldsymbol{R}^{-1}\boldsymbol{r}(\boldsymbol{x}^*)) \tag{4.32}$$

式中：$u = \boldsymbol{F}^{\mathrm{T}}\boldsymbol{R}^{-1}\boldsymbol{r}^{\mathrm{T}}(\boldsymbol{x}^*) - \boldsymbol{f}(\boldsymbol{x}^*)$。Kriging 模型的估计值的方差 $\hat{\sigma}_y^2(\boldsymbol{x}^*)$ 实际上是输入样本向量 $\boldsymbol{x}^*$ 对应的真实值 $y(\boldsymbol{x}^*)$ 与估计值 $\hat{y}(\boldsymbol{x}^*)$ 之间的最小平方误差。

2. Kriging 自适应代理模型

由于 Kriging 代理模型的预测值在预测点附近具有一定的不确定性，所以它在整个设计空间的精度取决于试验样本的数量和质量[125-128]。当试验样本量

较少,构建的代理模型精度比较低,用其进行预测会导致局部收敛问题。为此,本节利用变异系数既能够提取变量的离散程度信息,又能够提取均值信息这一优良特征,提出了变异系数(CV)自适应学习法。该方法能够自主选择不确定性大的预测样本作为新增试验样本,在保证试验样本质量的同时增大了试验样本数量,有效减小了代理模型预测值的不确定性,提高了代理模型预测精度。

设 Kriging 代理模型的预测值的变异系数学习函数为

$$c_\nu = \hat{\sigma_{\hat{y}}}/\hat{y} \tag{4.33}$$

式中:$\hat{y}$ 和 $\hat{\sigma_{\hat{y}}}$ 分别表示 Kriging 代理模型在任意输入样本向量 $\boldsymbol{x}^*$ 处的预测值和预测标准差。

将 CV 自适应学习方法和 Kriging 代理模型结合,构建系统安全寿命函数的 Kriging 自适应代理模型,构建流程如图 4.5 所示,具体步骤如下:

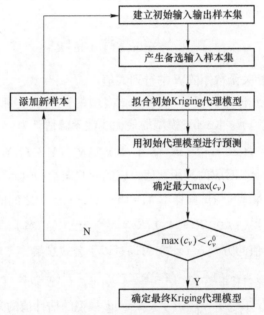

图 4.5　Kriging 自适应代理模型的构建流程

(1)建立初始输入输出样本集。

给定系统失效概率 p_0,根据部附件失效率 $\boldsymbol{\lambda}$ 的联合概率密度函数 $f(\boldsymbol{\lambda})$,运用拉丁超立方抽样方法,随机产生 N_1 组部附件失效率的初始样本集 $\boldsymbol{\lambda}_k = (\lambda_{k1},\lambda_{k2},\cdots,\lambda_{kn})^\mathrm{T}(k=1,\cdots,N_1)$,将其代入式(4.3)所示的系统安全寿命函数,可得到对应的系统安全寿命初始样本集,即 $t_r^k(k=1,\cdots,N_1)$。

（2）产生备选输入样本集。

同理，给定系统失效概率 p_0，根据部附件失效率 λ 的联合概率密度函数 $f(\boldsymbol{\lambda})$，采用拉丁超立方抽样方法随机生成 N_2 组部附件失效率备选样本集 $\boldsymbol{\lambda}_j = (\lambda_{j1}, \lambda_{j2}, \cdots, \lambda_{jn})^{\mathrm{T}}(j = 1, \cdots, N_2)$。

（3）拟合初始 Kriging 代理模型。

根据初始输入输出样本集，建立初始 Kriging 代理模型。

（4）用初始代理模型进行预测。

运用初始 Kriging 代理模型，预测与部附件失效率备选样本集对应的 N_2 组系统安全寿命及其标准差。

（5）更新 Kriging 代理模型。

首先，根据式（4.33）求解 N_2 组安全寿命预测值的变异系数 $c_v^j(j = 1, \cdots, N_2)$，确定与最大的 $\max(c_v)$ 对应的部附件失效率 $\max(\lambda)$。其次，将 $\max(c_v)$ 与安全寿命预测值的变异系数阈值 c_v^0 进行比较，如果 $\max(c_v) \geqslant c_v^0$，则将 $\max(\lambda)$ 代入式（4.3）求解对应的安全寿命 $\max(t_r)$。最后，将部附件失效率 $\max(\lambda)$ 和对应的安全寿命 $\max(t_r)$ 添加到初始输入输出样本集，重复步骤3至步骤5，不断更新 Kriging 代理模型。

（6）确定最终 Kriging 代理模型。

当 $\max(c_v) < c_v^0$ 时，结束 Kriging 代理模型的更新，从而将其确定为最终 Kriging 代理模型。一般情况下安全寿命预测值的变异系数的阈值 $c_v^0 = 0.01$。

4.3.2.3 基于 CV-Kriging 方法的指标求解步骤

运用 CV-Kriging 方法求解基于系统安全寿命分布函数的重要性测度指标，具体步骤如下：

步骤1 建立自适应 Kriging 代理模型。

按照 4.3.2.2 节提出的方法和步骤，建立系统安全寿命函数的 Kriging 代理模型。

步骤2 估算系统安全寿命 t_r 的无条件分布函数 $F_{t_r}(t_r)$。

给定失效概率 p_0，由部附件失效率 λ 的联合概率密度函数 $f(\boldsymbol{\lambda})$，生成 N 组部附件失效率样本 $\boldsymbol{\lambda}_k = (\lambda_{k1}, \lambda_{k2}, \cdots, \lambda_{kn})^{\mathrm{T}}(k = 1, \cdots, N)$；运用建立的 Kriging 代理模型求解与之对应的安全寿命样本 $t_r^k(k = 1, \cdots, N)$，并求解系统安全寿命 t_r 的数学期望 $E(t_r)$ 及无条件分布函数 $F_{t_r}(t_r)$。

步骤3 估算系统安全寿命 t_r 的条件分布函数 $F_{t_r|\lambda_i}(t_r)$。

首先,对每一个部附件失效率 λ_i,根据其概率密度函数 $f_i(\lambda_i)$ 获取 M 个随机样本 $(\lambda_{i1}, \lambda_{i2}, \cdots, \lambda_{iM})$;然后,分别将部附件失效率 λ_i 固定在 $\lambda_{ik}(k = 1, 2, \cdots, M)$ 处,根据输入变量 $\lambda_{\sim i}$ 的联合概率密度函数 $f(\lambda_{\sim i})$ 抽取 N 组随机样本;最后,运用所建立的 Kriging 代理模型计算对应的系统条件安全寿命 $t_r|\lambda_i$,并估算对应的条件分布函数 $F_{t_r|\lambda_i}(t_r)$。

步骤4 计算重要性测度 $S_{T\lambda_i}^{\mathrm{CDF}}$。

将前3个步骤所求的系统安全寿命 t_r 的 $F_{t_r}(t_r)$、$F_{t_r|\lambda_i}(t_r|\lambda_i)$ 和 $E(t_r)$ 代入式(4.7)和式(4.8),求解重要性测度 $S_{T\lambda_i}^{\mathrm{CDF}}$。

4.4 算例分析

下面通过两个算例来验证所提重要性测度的合理性和所提算法的高效性。

4.4.1 流体控制系统

对于3.5.1节的流体控制系统,下面分别运用本章提出的 MCS、SGI-ES 和 CV-Kriging 方法,从安全寿命的角度对流体控制系统的不确定性进行分析。

(1)给定流体控制系统失效概率 $P_0 = 0.2$,预测分析系统安全寿命的取值规律。

分别采用蒙特卡罗的核密度估计方法(MCS-KDE)、SGI-ES 方法和 CV-Kriging 方法,求解系统安全寿命的均值 μ_{t_r}、标准差 σ_{t_r}、95% 置信度条件下的系统安全寿命置信区间和3种方法调用系统安全寿命函数的总次数。计算结果见表4.1。

依据表4.1中的数据,对3种计算方法的效果进行分析。从计算结果看,分别采用3种方法分析流体控制系统安全寿命的取值规律,所得到的安全寿命的均值和标准差十分接近,满足精度要求。从计算效率看,采用 MCS-KDE 方法需要调用流体控制系统安全寿命函数的次数高达 10^5 次,SGI-ES 方法为 81 次,而 CV-Kriging 方法仅需 53 次。由此可见,CV-Kriging 方法的求解效率最高,其次是 SGI-ES 方法,它们的求解效率都远远高于 MCS-KDE 方法。

表4.1　系统安全寿命的概率密度函数特征信息

方法	μ_{t_r}	σ_{t_r}	置信区间(95%)	总次数
MCS-KDE	12.0886	1.4248	[10.1660,15.6512]	1×10^5
SGI-ES	12.8103	1.5115	[10.0478,15.8432]	81
CV-Kriging	12.6854	1.4935	[10.0768,15.7696]	53

（2）流体控制系统失效概率阈值为 $P_0 = 0.2$ 时,运用本章所提基于安全寿命的矩独立重要性测度,分别采用蒙特卡罗方法(MCS)、SGI-ES 方法和 CV-Kriging 方法,求解流体控制系统的各部附件失效率 $\lambda_i (i = 1,2,3)$ 重要性测度 $S_{T\lambda_i}^{CDF}$。其中 CV-Kriging 方法的初始样本集设为 12 组,自适应学习变异系数的阈值 $c_\nu^0 = 0.01$。表4.2 列出了 3 种方法的指标计算结果和系统安全寿命函数的调用次数(N_{call})。

表4.2　各部附件失效率的重要性测度值

部附件	MCS	SGI-ES	CV-Kriging
λ_1	0.0242	0.0238	0.0234
λ_2	0.0391	0.0385	0.0386
λ_3	0.0871	0.0856	0.0865
N_{call}	3×10^7	3248	53

依据表4.2 的数据,分析 3 种不同的重要性测度求解方法的计算效果。从指标的计算结果看,给定系统失效概率 $P_0 = 0.2$ 时,通过 3 种方法分别求解的流体控制系统 3 个部附件失效率对系统安全寿命的重要性测度指标,计算结果基本一致,得到的重要性排序结果完全相同,均为 $\lambda_3 > \lambda_2 > \lambda_1$。这表明在此流体控制系统中,部附件 V_3 的失效率对系统安全寿命的影响最大。因此,在实际工作中,为了确保系统处于正常稳健状态,应高度重视第 3 个部附件 V_3 的工作状况。从调用系统安全寿命函数的次数来看,在保证指标的计算精度的条件下,MCS 方法调用系统安全寿命函数的次数为 3×10^7,SGI-ES 方法为 3284 次,而 CV-Kriging 方法仅需调用 53 次。由此可见,在上述所提的 3 种指标计算方法中,CV-Kriging 方法最为高效,其次是 SGI-ES 方法,最后是 MCS 方法。因此,在实际工程中,虽然 3 种不同的重要性测度求解方法都能够用来分析部附件失效率的重要性程度,但 CV-Kriging 方法更加高效,更具有实用价值。

4.4.2 飞机电液舵机系统

对于 3.5.2 节的飞机电液舵机系统,下面分别运用本章提出的 MCS、SGI-ES 和 CV-Kriging 方法,从系统安全寿命的角度对飞机电液舵机系统的不确定性进行分析。

(1)给定飞机电液舵机系统失效概率为 $P_0 = 0.01$,预测分析系统安全寿命的取值规律。

分别采用蒙特卡罗的核密度估计方法(MCS-KDE)、SGI-ES 方法和 CV-Kriging 方法,求解飞机电液舵机系统安全寿命的均值 μ_{t_r}、标准差 σ_{t_r}、95% 置信度条件下的系统安全寿命置信区间和 3 种方法调用系统安全寿命函数的总次数,计算结果见表 4.3。

表 4.3　系统安全寿命的概率密度函数的特征信息

方法	μ_{t_r}	σ_{t_r}	置信区间(95%)	总次数
MCS-KDE	3111.78	207.21	[2715.65,3523.91]	1×10^5
SGI-ES	3114.35	204.78	[2717.28,3515.16]	976
CV-Kriging	3112.89	206.56	[2716.34,3519.73]	243

依据表 4.3 中的数据,可从两个方面对 3 种计算方法的效果进行分析。从计算结果看,分别采用 SGI-ES 方法、MCS-KDE 方法和 CV-Kriging 方法分析飞机电液舵机系统安全寿命的取值规律,所得到的安全寿命的均值和标准差同样十分接近,满足精度要求。从计算效率看,采用 MCS-KDE 方法需要调用系统安全寿命函数的次数高达 10^5 次,SGI-ES 方法为 976 次,而 CV-Kriging 方法仅需 243 次。由此可以看出,CV-Kriging 方法的求解效率最高,其次是 SGI-ES 方法,它们的求解效率都远远高于 MCS-KDE 方法。

(2)给定飞机电液舵机系统失效概率为 $P_0 = 0.01$,分别采用蒙特卡罗方法、SGI-ES 方法和 CV-Kriging 方法,求解飞机电液舵机系统各部附件失效率 $\lambda_i(i=1,2,\cdots,8)$ 的重要性测度 $S_{TA_i}^{CDF}$。其中 CV-Kriging 方法的初始样本集设为 12 组,自适应学习变异系数的阈值 $c_\nu^0 = 0.01$。表 4.4 列出了 3 种方法的指标计算结果和功能函数的调用次数。

表 4.4　底事件失效率重要性测度

部附件	MCS	SGI-ES	CV-Kriging
λ_1	0.0674	0.0669	0.0678
λ_2	0.0447	0.0451	0.0455
λ_3	0.0591	0.0582	0.0574
λ_4	0.0044	0.0037	0.0034
λ_5	0.1162	0.1103	0.1095
λ_6	0.0033	0.0024	0.0025
λ_7	0.0386	0.0373	0.0396
λ_8	0.0297	0.0380	0.0310
N_{call}	8×10^7	8675	252

依据表 4.4 中的数据,可从两个方面对其进行分析。从计算结果看,当飞机电液舵机系统失效概率为 $P_0 = 0.01$ 时,3 种方法所计算的 8 个底事件对应部附件失效率的重要性测度值基本一致,得到的各部附件失效率重要性排序完全相同,均为 $\lambda_5 > \lambda_1 > \lambda_3 > \lambda_2 > \lambda_7 > \lambda_8 > \lambda_4 > \lambda_6$,这表明油液污染、推杆变形和导磁套破裂 3 个因素在不确定性因素的影响下,对系统安全寿命的不确定性影响最大。在日常维护工作中,应及时清理系统中的油液污染问题,积极监控推杆和导磁套的工作情况,保证飞机电液舵机系统的正常运转。从调用功能函数的次数看,运用 CV-Kriging 方法在求解飞机电液舵机系统部附件的重要性测度过程中,通过 12 组初始样本和 240 组新添加样本,总共仅需调用 252 次系统安全寿命函数,就能够构建用来充分近似飞机舵面电液舵机系统安全寿命函数的 Kriging 代理模型,用来对飞机舵面电液舵机系统安全寿命的不确定性进行分析;而 MCS 方法和 SGI-ES 方法却分别需要调用 8×10^7 和 8675 次系统安全寿命函数。由此可见,在保证计算精度的情况下,与 MCS 方法和 SGI-ES 方法相比,运用本章所提 CV-Kriging 方法在对部附件失效率的重要性进行分析时,可以大幅减少系统安全寿命函数的调用次数,节约指标的计算成本,这一结果再次表明该方法具有更高的实用性。

进一步对以上两个算例进行分析可知,上述所提的 3 种方法都能够用来分析部附件失效率对系统安全寿命的重要性的影响,但它们的计算效率差异很大。在实际工程中,经常面临系统底层部附件很多,且系统安全寿命函数以隐函数的形式表达的情况,因此系统安全寿命函数的调用次数对重要性测度的求解至关重要。在这 3 种方法中,MCS 方法的计算效率最低,在系统底层部附件比较多的情况下,难以满足实际工程的需要。虽然 SGI-ES 方法比 MCS 方法高效很多,但它在求解重要性测度指标时调用安全寿命函数的次数依然很高,并随着底层部附件的增多,调用函数的次数急剧增加,因此这一方法在解决实际工程问题时也不够理想;与 MCS 方法和 SGI-ES 方法相比,本章所提 CV-Kriging 方法在对系统部附件失效率的重要性进行分析时,能够大幅减少系统安全寿命函数的计算次数,有效降低重要性测度指标的计算成本,是一种求解基于系统安全寿命分布函数的重要性测度指标可供选择的有效方法。

4.5 小结

针对工程中系统安全性的不确定性分析问题,本章研究了基于安全寿命的系统安全性不确定性分析方法。

首先,分析了不确定性失效率下系统安全寿命的特点。在实际工程中,在各种不确定性因素的干扰下,系统部附件的失效率呈现不确定性特点。当系统部附件失效率的取值规律采用概率分布函数表示时,系统安全寿命则为以部附件失效率和系统失效概率为输入变量的多变量函数。当系统失效概率为给定值时,系统安全寿命则是仅与部附件失效率有关的多变量函数,且部附件失效率的不确定性经过安全寿命函数传递到系统安全寿命,使得系统安全寿命也具有一定的不确定性,其取值规律可以用相应的分布函数来描述。当系统失效概率发生变化时,则对应的系统安全寿命的分布函数也随之发生变化。

其次,提出了一种基于系统安全寿命分布函数的矩独立重要性测度 $S_{T\lambda_i}^{\mathrm{CDF}}$。重要性测度 $S_{T\lambda_i}^{\mathrm{CDF}}$ 反映了部附件失效率的不确定性对系统安全寿命分布函数的平均影响,解决了不确定性部附件失效率下的系统安全寿命的不确定性分配问题,为系统部附件失效率重要性测度分析又提供了一种可供选择的方法,其分析结果能够帮助研究设计人员找到对系统安全寿命有重大贡献的部附件,可为系统安全性设计提供有力的理论技术支撑。

最后,研究了重要性测度 $S_{T\lambda_i}^{\mathrm{CDF}}$ 的高效算法。在实际工程中,由于系统安全寿命函数往往无法解析表达而以隐函数的形式出现,且在系统底层部附件数目较多情况下,求解系统安全寿命非常困难,因此在研究指标的求解策略时应该以尽量减少系统安全寿命函数的调用次数为原则。为此,本章将 Edgeworth 级数方法与稀疏网格积分技术相结合,提出了基于 SGI-ES 方法的高效求解算法;在 Kriging 代理模型中,通过引入自适应学习函数"Kriging 代理模型预测值的变异系数"来进行模型拟合,并提出了一种新的基于 Kriging 自适应代理模型的重要性测度高效求解方法。算例分析表明:虽然传统的蒙特卡洛方法可以求解基于系统安全寿命分布函数的重要性测度,但由于需要调用系统安全寿命函数的次数太多而不适合解决复杂的工程问题;即使采用第 3 章所提的 SGI-ES 方法,可以大大减少系统安全寿命函数的调用次数,但其计算成本仍然很高而不能很好地适应实际工程的需要。而本章研究提出的基于变异系数自适应函数的 Kriging 代理模型方法,由于在代理模型构建过程中,以 Kriging 代理模型预测值的变异系数作为自适应学习函数,在少量系统安全寿命初始样本的基础上,自主选择不确定性大的系统安全寿命预测样本作为新增试验样本,这样仅需添加少量样本,就可以构建用来充分近似系统安全寿命函数的 Kriging 代理模型,解决了系统安全寿命计算成本过高的问题,实现了重要性测度 $S_{T\lambda_i}^{CDF}$ 的高效求解,是一种求解基于系统安全寿命分布函数的重要性测度指标时可供选择的高效算法。

第5章
安全性要求下系统失效概率的灵敏度分析

如前所述,由于部附件的失效率具有不确定性,从而导致系统的失效概率具有不确定性。换言之,系统失效概率为在某个取值域内变化的不确定性变量。在实际工程中,通过系统安全性要求的确定方法,可以得到系统的安全性要求。由于系统安全性要求一般为一个固定的失效概率,所以它将系统失效概率的取值分为两部分。当系统失效概率小于这个固定失效概率时,则所设计的系统满足安全性要求,否则不满足安全性要求。为此,本章提出了安全性要求下系统失效概率这一新的安全性指标,通过不确定性部附件失效率条件下系统失效概率不满足安全性要求的概率,评估不确定性部附件失效率条件下系统的安全性水平;为了评估各个部附件失效率不确定性对安全性要求下系统失效概率的影响,构建了安全性要求下系统失效概率的灵敏度指标,并给出了基于蒙特卡罗数值模拟的一般求解方法以及基于 Kriging 和贝叶斯估计的灵敏度指标高效算法。安全性要求下系统失效概率这一安全性指标的提出,可用于度量不确定情况下系统的安全性水平,通过对其进行灵敏度分析,可对影响该指标不确定性的输入变量的不确定性重要性进行排序,为系统安全性设计与优化提供依据。

5.1 安全性要求下系统失效概率及其特点

假设某系统由 n 个底层部附件组成, $\boldsymbol{\lambda} = (\lambda_1, \lambda_2, \cdots, \lambda_i, \cdots, \lambda_n)$ 表示它们的失效率,其中 λ_i 表示第 i 个部附件的失效率。根据系统的工作原理和各个部附件的连接方式,可得到系统工作时间 t 和各个部附件失效率 $\boldsymbol{\lambda}$ 与系统失效概率 P_f 的函数关系为

$$P_f = G(t, \boldsymbol{\lambda}) \tag{5.1}$$

在实际工程中,在各种不确定性因素的影响下,部附件失效率 $\boldsymbol{\lambda}$ 呈现出不

确定性,在此设定它的取值规律服从对数正态分布。在系统工作时间 t_0 给定的情况下,部附件失效率 $\boldsymbol{\lambda}$ 的不确定性经式(5.1)传递到系统失效概率 P_f,导致系统失效概率 P_f 也呈现一定的不确定性。采用蒙特卡罗数值模拟法,可求解出系统工作时间给定 t_0 时的系统失效概率 P_f,进而可以求解出它的概率密度函数 $f_{P_f}(P_f)$。另一方面,通过系统安全性分析,可以得到系统的安全性指标要求,在此用系统失效概率 p_S 来表示。

在系统安全性要求为 p_S 的条件下,当 $P_f < p_S$ 时,系统失效概率满足安全性要求;当 $P_f \geq p_S$ 时,系统失效概率不满足安全性要求。假设系统失效概率在 $P_f \geq p_S$ 情况下的概率用 $S_{P_f}(p_S)$ 来表示,则 $S_{P_f}(p_S)$ 就表示安全性要求下的系统失效概率。如图 5.1 所示,$S_{P_f}(p_S)$ 为系统失效概率 P_f 大于 p_S 时的横坐标与系统失效概率密度函数 $f_{P_f}(P_f)$ 之间形成阴影部分的面积。依据分布函数的性质,安全性要求下系统失效概率 $S_{P_f}(p_S)$ 可以表达如下:

$$S_{P_f}(p_S) = \int_{p_S}^{1} f_{P_f}(p_f)\,\mathrm{d}p_f = 1 - F_{P_f}(p_S) \tag{5.2}$$

式中:$F_{P_f}(p_S)$ 表示系统失效概率分布函数在 p_S 处的值。在给定系统工作时间 t_0 时,可通过部附件失效率 $\boldsymbol{\lambda}$ 的联合概率密度函数 $f(\boldsymbol{\lambda})$ 结合系统失效概率函数式(5.1)求解得到。

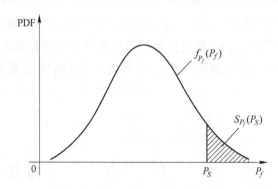

图 5.1　安全性要求下系统失效概率与 $f_{P_f}(P_f)$ 的关系

通过以上安全性要求下系统失效概率的定义可以看出:$S_{P_f}(p_S)$ 是度量系统安全性水平的一种可供选择的指标。在考虑部附件失效率的不确定性时,安全性要求下系统失效概率 $S_{P_f}(p_S)$ 表征了系统的安全性满足安全要求的程度,反应了所设计系统的安全性水平。$S_{P_f}(p_S)$ 越小,表明所设计系统的安全性水平越高,反之,所设计系统的安全性水平越低。因此,在实际工程中,通过安全性要

求下系统失效概率 $S_{P_f}(p_S)$，可以用来对不同设计方案的优劣进行决策，也可用来评判安全性优化设计的效果。$S_{P_f}(p_S)$ 取值与部附件失效率的不确定性密切相关。在系统工作时间 t_0 给定的情况下，当部附件失效率 λ 的概率密度函数发生改变时，安全性要求下系统失效概率 $S_{P_f}(p_S)$ 一般也会随之发生改变。

5.2 基于安全性要求下系统失效概率的灵敏度指标

5.2.1 灵敏度指标的构建

在给定安全性要求 p_S 以及系统工作时间 t_0 的条件下，通过部附件失效率 λ 的联合概率密度函数 $f(\lambda)$，随机抽取大量系统部附件失效率的样本，通过式(5.1)可得到对应的系统失效概率 P_f，以及对应的系统失效概率密度函数 $f_{P_f}(P_f)$，进而求得安全性要求下系统无条件失效概率 $S_{P_f}(p_S)$。相应地，当第 i 个部附件的失效率 λ_i 按照其概率密度函数 $f_i(\lambda_i)$ 取任意实现值 λ_i^* 时，部附件失效率 λ_i 的不确定性对系统失效概率不确定性的影响将会消除，导致对应的系统失效概率 P_f 的分布函数发生一定的改变，这种情况依据部附件失效率 λ_{-i} 的联合概率密度函数 $f(\lambda_{-i})$，随机抽取系统部附件失效率的样本，通过式(5.1)可得到对应的系统条件失效概率 $P_{f|\lambda_i}$ 及其概率密度函数，进而可求得安全性要求下系统条件失效概率 $S_{P_f|\lambda_i}(p_S)$。如图 5.2 所示，$S_{P_f|\lambda_i}(p_S)$ 是指系统条件失

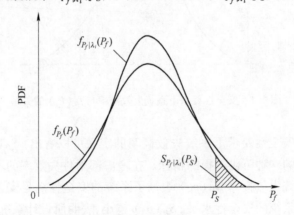

图 5.2 安全性要求下系统条件失效概率与 $f_{P_f|\lambda_i}(P_f)$ 的关系

效概率 $P_{f|\lambda_i}$ 大于 p_S 时系统条件失效概率密度函数 $f_{P_{f|\lambda_i}}(P_f)$ 形成与横坐标之间阴影部分的面积。

依据分布函数的性质,安全性要求下系统条件失效概率 $S_{P_f|\lambda_i}(p_S)$ 可以表示如下:

$$S_{P_f|\lambda_i}(p_S) = \int_{p_S}^1 f_{P_f|\lambda_i}(p_f) \,\mathrm{d}p_f = 1 - F_{P_f|\lambda_i}(p_S) \qquad (5.3)$$

式中:$F_{P_f|\lambda_i}(p_S)$ 表示系统条件失效概率分布函数在 p_S 处的值,在给定系统工作时间 t_0 条件下,它可以通过部附件失效率 $\lambda_{\sim i}$(除 λ_i 之外其他部附件的失效率向量)的联合概率密度函数 $f(\lambda_{\sim i})$ 结合系统失效概率函数求解得到。显而易见,$S_{P_f}(p_S)$ 和 $S_{P_f|\lambda_i}(p_S)$ 之间的差异,反映了失效率 λ_i 取实现值 λ_i^* 时部附件失效率 λ_i 的不确定性对安全性要求下系统失效概率的影响,该差异 $A_{p_S}(\lambda_i)$ 表达如下:

$$A_{p_S}(\lambda_i) = |S_{P_f}(p_S) - S_{P_f|\lambda_i}(p_S)| = |F_{P_f}(p_S) - F_{P_f|\lambda_i}(p_S)| \qquad (5.4)$$

由于 λ_i 为随机变量,它的取值情况取决于概率密度函数 $f_i(\lambda_i)$,当 λ_i 按照 $f_i(\lambda_i)$ 随机生成全部实现值时,$A_{p_S}(\lambda_i)$ 的平均值为

$$E_{\lambda_i}(A_{p_S}(\lambda_i)) = \int f_i(\lambda_i) A_{p_S}(\lambda_i) \,\mathrm{d}\lambda_i \qquad (5.5)$$

$E_{\lambda_i}(A_{p_S}(\lambda_i))$ 表征了部附件失效率 λ_i 的不确定性对安全性要求下系统失效概率的平均影响。消除量纲影响,则基于安全性要求下系统失效概率的灵敏度指标定义为

$$S_{\lambda_i}^{p_S} = \frac{E_{\lambda_i}(A_{p_S}(\lambda_i))}{S_{P_f}(p_S)} \qquad (5.6)$$

一般情况下,在给定系统安全性要求 p_S 的条件下,$S_{P_f}(p_S) > 0$。同时由于 $E_{\lambda_i}(A_{p_S}(\lambda_i)) \geqslant 0$,因此该灵敏度指标 $S_{\lambda_i}^{p_S} \geqslant 0$。由灵敏度指标 $S_{\lambda_i}^{p_S}$ 的定义可知,当采用该指标对部附件失效率进行灵敏度分析时,部附件失效率对应的 $S_{\lambda_i}^{p_S}$ 越大,表明第 i 个部附件失效率的不确定性对安全性要求下系统失效概率的影响越大,反之亦然。

上式表示单一部附件失效率的灵敏度指标表达式,将其推广到一组部附件失效率 $\lambda_1, \lambda_2, \cdots, \lambda_s$ 的灵敏度指标表达如下:

$$S_{\lambda_1, \lambda_2, \cdots, \lambda_s}^{p_S} = \frac{E_{\lambda_1, \lambda_2, \cdots, \lambda_s}(A_{p_S}(\lambda_1, \lambda_2, \cdots, \lambda_s))}{S_{P_f}(p_S)} \qquad (5.7)$$

其中,

$$E_{\lambda_1,\lambda_2,\cdots,\lambda_s}(A_{ps}(\lambda_1,\lambda_2,\cdots,\lambda_s))$$

$$= \int f_{\lambda_1,\lambda_2,\cdots,\lambda_s}(\lambda_1,\lambda_2,\cdots,\lambda_s) A_{ps}(\lambda_1,\lambda_2,\cdots,\lambda_s) \mathrm{d}\lambda_1,\lambda_2,\cdots,\lambda_s$$

$$= \int f_{\lambda_1,\lambda_2,\cdots,\lambda_s}(\lambda_1,\lambda_2,\cdots,\lambda_s) \mid F_{P_f}(p_{\mathrm{S}}) - F_{P_f\mid\lambda_1,\lambda_2,\cdots,\lambda_s}(p_{\mathrm{S}}) \mid \mathrm{d}\lambda_1,\lambda_2,\cdots,\lambda_s$$

$$(5.8)$$

式中：$f_{\lambda_1,\lambda_2,\cdots,\lambda_s}(\lambda_1,\lambda_2,\cdots,\lambda_s)$ 表示这组输入变量 $\lambda_1,\lambda_2,\cdots,\lambda_s$ 的联合概率密度函数；$F_{P_f\mid\lambda_1,\lambda_2,\cdots,\lambda_s}(p_{\mathrm{S}})$ 表示当 $\lambda_1,\lambda_2,\cdots,\lambda_s$ 取其实现值时系统条件失效概率分布函数在 p_{S} 处的值。

5.2.2 灵敏度指标的性质

根据以上基于安全性要求下系统失效概率的灵敏度指标定义,可得到该指标的如下相关性质:

性质 1: $S_{\lambda_i}^{ps} \geqslant 0$。

性质 2:若 $S_{\lambda_i}^{ps} = 0$,则表明部附件失效率 λ_i 对安全性要求下系统失效概率的取值规律没有影响。

性质 3:若 $S_{\lambda_i\lambda_k}^{ps} = S_{\lambda_i}^{ps}$,则表明在部附件失效率 λ_i 对安全性要求下系统失效概率影响的基础上,增加部附件失效率 λ_k,对安全性要求下系统失效概率的取值规律没有影响。

性质 4: $S_{\lambda_i}^{ps} \leqslant S_{\lambda_i\lambda_k}^{ps} \leqslant S_{\lambda_i}^{ps} + S_{\lambda_i\mid\lambda_k}^{ps}$。

性质 5: $S_{\max}^{ps} = S_{\lambda_1,\lambda_2,\cdots,\lambda_m}^{ps}$。

性质 1、2、3 从定义可以容易推出,下面只给出性质 4、5 的证明过程。

证明:由于

$$\mid F_{P_f}(p_f) - F_{P_f\mid\lambda_i\lambda_k}(p_f) \mid$$

$$= \mid F_{P_f}(p_f) - F_{P_f\mid\lambda_i}(p_f) + F_{P_f\mid\lambda_i}(p_f) - F_{P_f\mid\lambda_i\lambda_k}(p_f) \mid \qquad (5.9)$$

$$\leqslant \mid F_{P_f}(p_f) - F_{P_f\mid\lambda_i}(p_f) \mid + \mid F_{P_f\mid\lambda_i}(p_f) - F_{P_f\mid\lambda_i\lambda_k}(p_f) \mid$$

对上式两边求其在 p_{S} 处的值可以得到

$$\mid F_{P_f}(p_{\mathrm{S}}) - F_{P_f\mid\lambda_i\lambda_k}(p_{\mathrm{S}}) \mid$$

$$= \mid F_{P_f}(p_{\mathrm{S}}) - F_{P_f\mid\lambda_i}(p_{\mathrm{S}}) + F_{P_f\mid\lambda_i}(p_{\mathrm{S}}) - F_{P_f\mid\lambda_i\lambda_k}(p_{\mathrm{S}}) \mid \qquad (5.10)$$

$$\leqslant \mid F_{P_f}(p_{\mathrm{S}}) - F_{P_f\mid\lambda_i}(p_{\mathrm{S}}) \mid + \mid F_{P_f\mid\lambda_i}(p_{\mathrm{S}}) - F_{P_f\mid\lambda_i\lambda_k}(p_{\mathrm{S}}) \mid$$

进一步化简得到

$$S_{\lambda_i\lambda_k}^{p_S} = \frac{E_{\lambda_i\lambda_k}(\mid F_{P_f}(p_S) - F_{P_f\mid\lambda_i\lambda_k}(p_S)\mid)}{S_{P_f}(p_S)} \leqslant$$

$$\frac{E_{\lambda_i\lambda_k}(\mid F_{P_f}(p_S) - F_{P_f\mid\lambda_i}(p_S)\mid)}{S_{P_f}(p_S)} + \frac{E_{\lambda_i\lambda_k}(\mid F_{P_f\mid\lambda_i}(p_S) - F_{P_f\mid\lambda_i\lambda_k}(p_S)\mid)}{S_{P_f}(p_S)}$$

$$(5.11)$$

其中:

$$\frac{E_{\lambda_i\lambda_k}(\mid F_{P_f}(p_S) - F_{P_f\mid\lambda_i}(p_S)\mid)}{S_{P_f}(p_S)} = \frac{E_{\lambda_i}(\mid F_{P_f}(p_S) - F_{P_f\mid\lambda_i}(p_S)\mid)}{S_{P_f}(p_S)} = S_{\lambda_i}^{p_S}$$

$$(5.12)$$

$$\frac{E_{\lambda_i\lambda_k}(\mid F_{P_f\mid\lambda_i}(p_S) - F_{P_f\mid\lambda_i\lambda_k}(p_S)\mid)}{S_{P_f}(p_S)} = S_{\lambda_i\mid\lambda_k}^{p_S} \qquad (5.13)$$

因此有

$$S_{\lambda_i\lambda_k}^{p_S} \leqslant S_{\lambda_i}^{p_S} + S_{\lambda_i\mid\lambda_k}^{p_S} \qquad (5.14)$$

在部附件失效率 λ_i 基础上,如果增加部附件失效率 λ_k 对系统失效概率没有影响,则有

$$\mid F_{P_f}(p_S) - F_{P_f\mid\lambda_i}(p_S)\mid = \mid F_{P_f}(p_S) - F_{P_f\mid\lambda_i\lambda_k}(p_S)\mid \qquad (5.15)$$

在部附件失效率 λ_i 基础上,如果增加部附件失效率 λ_j 对系统失效概率有影响,则增加部附件失效率 λ_k 会对系统失效概率分布函数也产生更大影响,有

$$\mid F_{P_f}(p_S) - F_{P_f\mid\lambda_i}(p_S)\mid < \mid F_{P_f}(p_S) - F_{P_f\mid\lambda_i\lambda_k}(p_S)\mid \qquad (5.16)$$

因此

$$S_{\lambda_i}^{p_S} \leqslant S_{\lambda_i\lambda_k}^{p_S} \leqslant S_{\lambda_i}^{p_S} + S_{\lambda_i\mid\lambda_k}^{p_S} \qquad (5.17)$$

从而证明了性质4。

由性质4可以得出

$$S_{\lambda_i}^{p_S} \leqslant S_{\lambda_i\lambda_k}^{p_S}, S_{\lambda_i}^{p_S} \leqslant S_{\lambda_i\lambda_k\lambda_l}^{p_S} \qquad (5.18)$$

因而

$$S_{\max}^{p_S} = S_{\lambda_1,\lambda_2,\cdots,\lambda_m}^{p_S} \qquad (5.19)$$

从而性质5得以证明。

5.3 基于安全性要求下系统失效概率灵敏度指标的求解

5.3.1 基于蒙特卡罗的数值模拟法

依据构建灵敏度指标 $S_{\lambda_i}^{p_S}$ 的过程,在此给出求解指标的蒙特卡罗数值模拟法,具体步骤如下:

步骤1:计算系统失效概率分布函数在 p_S 处的值 $F_{P_f}(p_S)$ 以及 $S_{P_f}(p_S)$。设定系统的安全性要求和工作时间分别为 p_S 和 t_0,通过部附件失效率 λ 的联合概率密度函数 $f(\lambda)$,随机抽取 N 组样本 $\lambda_k = (\lambda_{k1},\lambda_{k2},\cdots,\lambda_{kn})^{\mathrm{T}}(k = 1,\cdots,N)$,将其代入系统失效概率函数 $P_f = G(t_0,\lambda)$,获得 N 组系统失效概率样本 $(p_{f1},p_{f2},\cdots,p_{fN})$;然后估算系统失效概率 P_f 分布函数在 p_S 处的值 $F_{P_f}(p_S)$ 以及 $S_{P_f}(p_S)$。

步骤2:计算系统条件失效概率分布函数在 p_S 处的值 $F_{P_f|\lambda_i}(p_S)$ 以及 $S_{P_f|\lambda_i}(p_S)$。给定安全性要求 p_S 及系统工作时间 t_0,对每一个部附件失效率 λ_i,根据其概率密度函数 $f_i(\lambda_i)$ 获取 M 个样本 $(\lambda_{i1},\lambda_{i2},\cdots,\lambda_{iM})$,分别将部附件失效率 λ_i 固定在 $\lambda_{ik}(k = 1,2,\cdots,M)$ 处,再根据输入变量 $\lambda_{\sim i}$ 的联合概率密度函数 $f(\lambda_{\sim i})$,随机抽取 N 组样本,分别将它们代入系统失效概率函数 $P_f = G(t_0,\lambda)$,就可求解到对应的系统条件失效概率 $P_f|\lambda_{ik}$,然后求解对应的条件失效概率分布函数在给定安全性要求 p_S 处的值 $F_{P_f|\lambda_i}(p_S)$ 以及 $S_{P_f|\lambda_i}(p_S)$。

步骤3:计算与部附件失效率 λ_i 对应的 $E_{\lambda_i}(A_{p_S}(\lambda_i))(i = 1,\cdots,n)$。对每一个部附件失效率 λ_i,根据步骤1所求解的 $S_{P_f}(p_S)$ 和步骤2求解的 $S_{P_f|\lambda_i}(p_S)$ 得到与之对应的 $E_{\lambda_i}(A_{p_S}(\lambda_i))$。

步骤4:计算与部附件失效率 λ_i 对应的灵敏度指标 $S_{\lambda_i}^{p_S}$。根据前面所求的 $E_{\lambda_i}(A_{p_S}(\lambda_i))$ 和 $S_{P_f}(p_S)$ 的值,通过式(5.6)求解与部附件失效率 λ_i 对应的灵敏度指标结果 $S_{\lambda_i}^{p_S}$。

5.3.2 基于 Kriging 和贝叶斯估计的高效算法

一般情况下,虽然采用蒙特卡罗数值模拟方法得到的灵敏度指标结果较为准确,但是该方法往往需要巨大的计算成本,对于工程中存在的高维复杂结构不具有实用价值。为了减少计算成本,提高计算效率,在此提出一种新的基于自适应 kriging 和贝叶斯估计的高效求解算法来计算灵敏度指标 $S_{\lambda_i}^{p_S}$。

所提高效算法首先通过贝叶斯估计将原始的灵敏度求解问题转化为输入样本在区域 $P_f \geqslant p_S$ 的概率密度估计和在全域的概率密度估计问题,然后基于自适应 Kriging 方法来筛选在区域 $P_f \geqslant p_S$ 的输入样本,并结合核密度估计来计算其概率密度函数值,最后结合输入样本在全域的概率密度值,高效求解灵敏度指标的结果。

5.3.2.1 贝叶斯估计转化策略

根据贝叶斯公式的基本原理[129],系统条件失效概率满足 $P_{f|\lambda_i} \geqslant p_S$ 时系统条件失效概率密度函数 $f_{P_f|\lambda_i}(P_f)$ 与横坐标形成的面积 $S_{P_f|\lambda_i}(p_S)$,可以进一步表达为

$$S_{P_f|\lambda_i}(p_S) = \frac{f_i(\lambda_i \mid \Omega) S_{P_f}(p_S)}{f_i(\lambda_i)} \tag{5.20}$$

式中:$\Omega = (P_f \geqslant p_S)$ 为系统失效概率 $P_f \geqslant p_S$ 的域;$f_i(\lambda_i \mid \Omega)$ 为部附件失效率 λ_i 存在于 Ω 域的概率密度函数;$f_i(\lambda_i)$ 为部附件失效率 λ_i 的原始概率密度函数;$S_{P_f}(p_S)$ 为系统失效概率 $P_f > p_S$ 时系统失效概率密度函数 $f_{P_f}(P_f)$ 形成的面积。

结合式(5.4)~式(5.6)与式(5.20),可将基于安全性要求下系统失效概率的灵敏度指标表达为

$$
\begin{aligned}
S_{\lambda_i}^{p_S} &= \frac{E_{\lambda_i}(\mid S_{P_f}(p_S) - S_{P_f|\lambda_i}(p_S) \mid)}{S_{P_f}(p_S)} \\
&= \frac{E_{\lambda_i}\left(\left| S_{P_f}(p_S) - \dfrac{f_i(\lambda_i \mid \Omega) S_{P_f}(p_S)}{f_i(\lambda_i)} \right| \right)}{S_{P_f}(p_S)} \\
&= E_{\lambda_i}\left(\left| 1 - \frac{f_i(\lambda_i \mid \Omega)}{f_i(\lambda_i)} \right| \right)
\end{aligned}
\tag{5.21}
$$

上式表明,通过建立的贝叶斯估计策略,求解灵敏度指标 $S_{\lambda_i}^{p_S}$ 可转化为求解相应的条件概率密度 $f_i(\lambda_i \mid \Omega)$ 和无条件概率密度 $f_i(\lambda_i)$。而无条件概率密度为输入失效率的统计特性,往往事先给定,因此只需求解相应的条件概率密度

$f_i(\lambda_i \mid \Omega)$，便可以高效地获得灵敏度指标 $S_{\lambda_i}^{p_S}$ 的结果。

本章通过部附件失效率样本 λ_i 满足域 $\Omega = \{P_f \geqslant p_S\}$ 的样本来估计条件概率密度 $f(\lambda_i \mid \Omega)$。目前，已经发展出各种通过样本来估计相应的概率密度的方法，比如极大熵估计方法[130]和核密度估计方法[98]。其中，核密度估计方法通过样本来估计概率密度具有较强的稳健性，且针对不同的问题可以使用不同的核函数（一个平滑的峰值突出的函数）来进行拟合，从而保证拟合的概率密度具有较高的精度。Matlab 软件中已嵌入该工具包，因此本章使用核密度估计方法来对条件概率密度 $f(\lambda_i \mid \Omega)$ 进行拟合。为了高效地获得估计条件概率密度 $f(\lambda_i \mid \Omega)$ 的条件样本，本章使用自适应 Kriging 代理模型方法来构建相应输出的代理模型，从而提高计算效率。

5.3.2.2 自适应 Kriging 筛选样本

在给定系统工作时间 t_0 时，系统失效概率的表达式为 $P_f = G(t_0, \lambda)$，系统失效概率的不确定性完全由部附件失效率 λ_i 决定。由以上分析可知，为了获得条件概率密度 $f(\lambda_i \mid \Omega)$ 的结果，需要获得部附件失效率满足域 $\Omega = (P_f \geqslant p_S)$ 的样本，其中该域等价于 $\Omega = (p_S - P_f \leqslant 0) = (p_S - G(t_0, \lambda) \leqslant 0)$。因此，可通过构建表达式 $G^{p_S}(t_0, \lambda) = p_S - G(t_0, \lambda)$ 的代理模型来获得相应的条件样本。构建的代理模型只需正确地区分 $G^{p_S}(t_0, \lambda)$ 值的正负，便可以正确地获得相应的条件样本，也即需要使用代理模型来将 $G^{p_S}(t_0, \lambda) = 0$ 的边界代理准确。

目前有各种各样的学习函数可以用来构建自适应的 Kriging 代理模型来将 $G^{p_S}(t_0, \lambda) = 0$ 的边界代理准确[131-132]，如 EFF 学习函数和 U 学习函数。其中，U 学习函数由于其简单易学且对各种复杂问题均具有较强的适用性，从而具有很好的工程应用价值。U 学习函数[123]的表达式如下：

$$U = \frac{|\hat{y}|}{\hat{\sigma_{\hat{y}}}} \tag{5.22}$$

式中：$\hat{y}$ 和 $\hat{\sigma_{\hat{y}}}$ 分别表示 Kriging 代理模型在任意输入样本向量 x^* 处的预测值和预测标准差。使用 U 学习函数来构建自适应的 Kriging 代理模型时，需要将备选样本集中与最小 U 学习函数值对应的样本加入训练集，来更新 Kriging 代理模型。构建 $G^{p_S}(t_0, \lambda)$ 的 Kriging 代理模型具体步骤如下：

步骤 1：建立初始输入输出样本集。给定安全性要求 p_S 下，同时给定系统工作时间 t_0，根据部附件失效率 λ 的联合概率密度函数 $f(\lambda)$，随机生成 N_1 组部附件失效率的初始样本集 $\boldsymbol{\lambda}_k = (\lambda_{k1}, \lambda_{k2}, \cdots, \lambda_{kn})^{\mathrm{T}} (k = 1, \cdots, N_1)$，并计算相应的输出 $G^{\mathrm{ps}}(t_0, \boldsymbol{\lambda}) = p_{\mathrm{S}} - G(t_0, \boldsymbol{\lambda})$ 的结果。

步骤2：产生备选输入样本集。给定安全性要求 p_{S} 下，同时给定系统工作时间 t_0，根据部附件失效率 $\boldsymbol{\lambda}$ 的联合概率密度函数 $f(\boldsymbol{\lambda})$，随机生成 N_2 组部附件失效率备选样本集 $\boldsymbol{\lambda}_j = (\lambda_{j1}, \lambda_{j2}, \cdots, \lambda_{jn})^{\mathrm{T}} (j = 1, \cdots, N_2)$。

步骤3：构建初始 Kriging 代理模型。根据初始输入输出样本集，建立初始 Kriging 代理模型。

步骤4：预测备选样本集样本的输出和标准差。运用初始 Kriging 代理模型，预测与部附件失效率备选样本集对应的 N_2 组系统输出及其标准差。

步骤5：更新 Kriging 代理模型。通过步骤4中得到的 N_2 组系统输出和标准差计算出 N_2 组 U 学习函数的值 $U_j (j = 1, \cdots, N_2)$，确定与最小的 $\min(U)$ 对应的部附件失效率 $\min(\lambda)$。将 $\min(U)$ 与 U 学习函数的阈值 U_0 进行比较，如果 $\min(U) \leqslant U_0$，则将 $\min(\lambda)$ 代入 $G^{\mathrm{ps}}(t_0, \boldsymbol{\lambda}) = p_{\mathrm{S}} - G(t_0, \boldsymbol{\lambda})$ 中计算真实输出，并将 $\min(\lambda)$ 及其对应的真实输出添加到初始输入输出样本集，重复步骤3至步骤5来更新 Kriging 代理模型。

步骤6：得到最终 Kriging 代理模型。当 $\min(U) > U_0$ 时，结束 Kriging 代理模型的更新，从而将其确定为最终 Kriging 代理模型。本章中 U 学习函数更新 Kriging 代理模型的阈值设置为 $U_0 = 2$。

5.3.2.3 求解过程

以上的分析过程表明，通过基于 Kriging 代理模型和贝叶斯估计的方法来计算灵敏度指标时，仅在构建 Kriging 代理模型时需要调用系统失效概率函数，因此所提方法的计算效率非常高。在此将所提出的基于 Kriging 和贝叶斯估计的高效灵敏度求解方法的基本步骤总结如下：

步骤1：构建输出 $G^{\mathrm{ps}}(t_0, \lambda) = p_{\mathrm{S}} - G(t_0, \lambda)$ 的 Kriging 代理模型。通过上一节中提出的自适应 Kriging 代理过程来构建 $G^{\mathrm{ps}}(t_0, \lambda)$ 的代理模型。

步骤2：筛选满足域 $\Omega = \{p_{\mathrm{S}} - G(t_0, \lambda) \leqslant 0\}$ 的条件样本。使用步骤1中得到的 Kriging 代理模型来计算在构建代理模型时用到的 N_2 组部附件失效率备选样本集 $\lambda_j = (\lambda_{j1}, \lambda_{j2}, \cdots, \lambda_{jn})^{\mathrm{T}} (j = 1, \cdots, N_2)$ 的输出，并进一步得到使 Kriging 代理模型取值小于等于0的样本，即为满足域 $\Omega = (p_{\mathrm{S}} - G(t_0, \lambda) \leqslant 0)$ 的条件样本。

步骤 3：使用步骤 2 得到的条件样本结合核密度估计方法来估计条件概率密度 $f(\lambda_i \mid \Omega)$。

步骤 4：计算灵敏度指标 $S_{\lambda_i}^{p_S}$。根据部附件失效率 λ_i 的概率密度函数 $f(\lambda_i)$，生成 N 组样本 $(\lambda_{i1}, \lambda_{i2}, \cdots, \lambda_{iN})$，然后将这些样本代入式 (5.21) 计算得到最终的灵敏度指标 $S_{\lambda_i}^{p_S}$ 结果。

5.4 算例分析

5.4.1 流体控制系统

对于 3.5.1 节的流体控制系统，给定安全性要求 $p_S = 10^{-1}$，同时给定系统工作时间为 $t_0 = 8$。使用本章给出的蒙特卡罗数值模拟方法及基于 Kriging 和贝叶斯估计的高效算法对所提出的灵敏度指标 $S_{\lambda_i}^{p_S}$ 进行计算，结果列于表 5.1。在所提出的基于 Kriging 和贝叶斯估计的高效算法中，通过部附件失效率条件样本结合核密度估计得到的条件概率密度 $f(\lambda_i \mid \Omega)$（CPDF）及无条件概率密度 $f(\lambda_i)$（UPDF）的比较如图 5.3 所示。

表 5.1 各部附件失效率的灵敏度指标结果

部附件	MCS	Kriging-贝叶斯
λ_1	0.0688	0.0660
λ_2	0.1064	0.1033
λ_3	0.3245	0.3171
N_{call}	3×10^8	23

从表 5.1 的灵敏度计算结果可以看出，通过基于 Kriging 代理模型和贝叶斯估计方法计算出的结果与 MCS 计算结果基本一致，说明了所提高效算法在计算灵敏度指标时的准确性。MCS 方法需要调用系统失效概率函数 3×10^8 次，这对于具有多个底层部附件的复杂系统而言几乎不可能实现。而所提高效算法仅需要调用系统失效概率函数 23 次，便可以获得准确的灵敏度计算结果，因此所提算法能够极大地减小计算成本，提高计算效率。表 5.1 中显示的部附件失效率

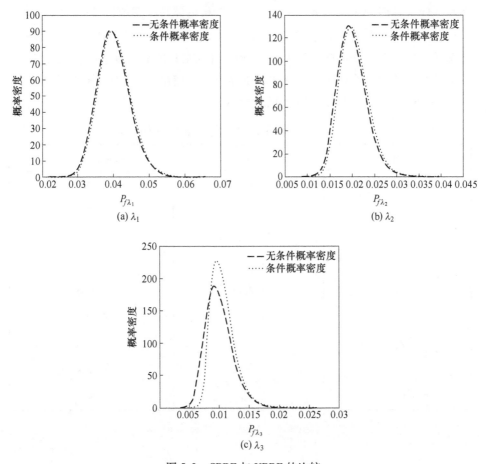

图 5.3　CPDF 与 UPDF 的比较

灵敏度指标排序为 $\lambda_3 > \lambda_2 > \lambda_1$，表明在给定安全性要求的条件下，部附件失效率 λ_3 的不确定性对系统失效概率具有最重要的影响，其次为部附件失效率 λ_2，对系统失效概率影响最小的是部附件失效率 λ_1。图 5.3 中展示的 CPDF 与 UPDF 的比较结果表明：部附件失效率 λ_3 的 CPDF 与 UPDF 之间具有较大的差异，其次为部附件失效率 λ_2，差异最小的为部附件失效率 λ_1，这一结果与计算所得的灵敏度指标排序具有一致性。

5.4.2　飞机电液舵机系统

对于 3.5.2 节的民用飞机电液舵机系统，给定安全性要求 $p_S = 10^{-2}$，同时给定系统工作时间为 $t_0 = 5000$。使用本章给出的蒙特卡罗数值模拟方法及基于 Kriging 和贝叶斯估计的高效算法对所提出的灵敏度指标 $S_{\lambda_i}^{ps}$ 进行计算,结果列于表 5.2 中。在所提出的基于 Kriging 和贝叶斯估计的高效算法中,通过部附件失效率条件样本结合核密度估计得到的条件概率密度 $f(\lambda_i \mid \Omega)$(CPDF)及无条件概率密度 $f(\lambda_i)$(UPDF)的比较如图 5.4 所示。

表 5.2　各部附件失效率的灵敏度指标结果

部附件	MCS	Kriging-贝叶斯
λ_1	0.4844	0.4836
λ_2	0.3276	0.3226
λ_3	0.4112	0.3983
λ_4	0.0072	0.0150
λ_5	0.8519	0.8535
λ_6	0.0081	0.0226
λ_7	0.2892	0.2938
λ_8	0.2202	0.2218
N_{call}	8×10^8	189

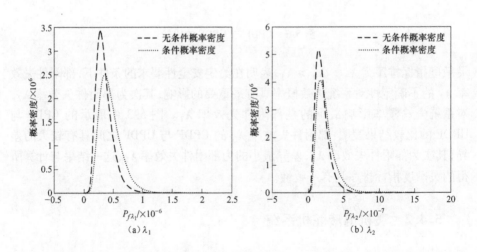

(a) λ_1　　　　　　　　(b) λ_2

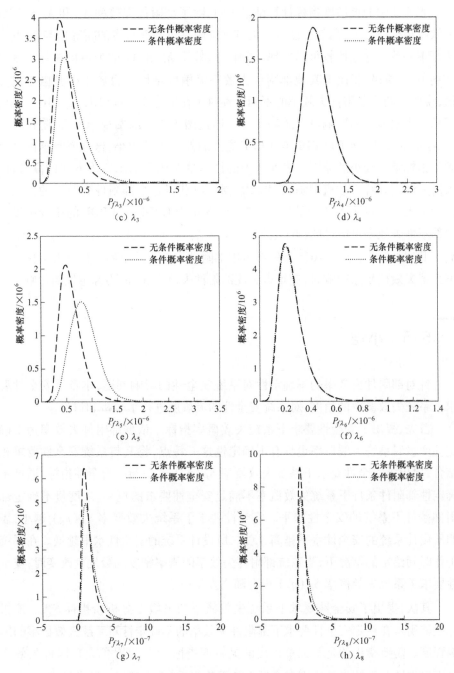

图 5.4   CPDF 与 UPDF 的比较

表 5.2 中的灵敏度指标计算结果表明,除了部附件失效率 λ_4 和 λ_6 对应的灵敏度指标值之外,高效算法计算的其他部附件失效率对应的指标值与 MCS 方法基本一致。通过比较可以发现,部附件失效率 λ_4 和 λ_6 的灵敏度指标结果已达到 10^{-3} 量级,相比于其他部附件失效率灵敏度指标而言属于极其微小的数值,说明这两个部附件失效率的不确定性对于在给定安全性要求 $p_S = 10^{-2}$ 条件下系统失效概率的影响可以忽略不计。通过图 5.4 可以发现,对于部附件失效率 λ_4 和 λ_6,其各自的 CPDF 与 UPDF 之间的差异极其微小,这也就是这两个灵敏度指标结果较小的原因。表 5.2 中的计算量对比显示出所提方法的高效性,仅需要调用系统失效概率函数 189 次,便可以获得各个部附件失效率的灵敏度指标结果。通过表 5.2 中的结果,结合图 5.4 中 CPDF 与 UPDF 的比较可以得出部附件失效率灵敏度的排序结果为 $\lambda_5 > \lambda_1 > \lambda_3 > \lambda_2 > \lambda_7 > \lambda_8 > \lambda_6 > \lambda_4$。因此,在给定 $p_S = 10^{-2}$ 条件下考虑部附件失效率的不确定性对安全性要求下系统失效概率的影响时,应重点关注部附件失效率 λ_5 的不确定性的影响。

5.5 小结

针对部附件失效率的不确定性对系统安全性的影响问题,本章从安全性要求下系统失效概率的角度,对系统安全性的灵敏度进行了分析和讨论。

首先,提出了安全性要求下系统失效概率指标。依据部附件失效率为不确定性变量时系统失效概率也具有不确定性这一特点,将其与系统安全性要求相结合,提出了安全性要求下系统失效概率 $S_{P_f}(p_S)$ 这一新的安全性指标,通过不确定性部附件条件下系统失效概率不满足安全性要求的概率,来度量不确定部附件条件下系统的安全性水平。安全性要求下系统失效概率 $S_{P_f}(p_S)$ 越小,表明所设计系统的安全性水平越高,反之,所设计系统的安全性水平越低。在系统工作时间给定的情况下,当系统部附件失效率的概率密度函数发生改变时,安全性要求下系统失效概率 $S_{P_f}(p_S)$ 也会随之发生改变。

其次,提出了安全性要求下系统失效概率的灵敏度分析新指标 $S_{\lambda_i}^{p_S}$。该指标能够衡量在给定安全性要求下部附件失效率的不确定性对系统失效概率的影响程度。需要指出的是第三章提出的灵敏度指标 $S_{\lambda_i}^{CDF}$ 度量的是部附件失效率的不确定性对系统失效概率在全域上的平均影响,而本章提出的灵敏度指标 $S_{\lambda_i}^{p_S}$ 度量的是部附件失效率的不确定性对系统失效概率在特定区域的影响。

然后,提出了安全性要求下系统失效概率的安全性灵敏度指标 $S_{\lambda_i}^{p_S}$ 的求解算法。针对所提安全性灵敏度指标 $S_{\lambda_i}^{p_S}$,给出了基于蒙特卡罗数值模拟方法的求解步骤。该方法基于大数定理,通过产生符合部附件失效概率分布的大量样本,并通过调用真实失效概率函数来进行大量重复性的计算,从而得到最终的灵敏度指标结果。在样本量足够大的情况下,该方法能够得到精确的灵敏度指标结果。但是该方法计算量巨大,不符合工程实际的计算要求。因此,本章提出了一种基于 Kriging 和贝叶斯估计的高效求解算法。在所提算法中,通过使用贝叶斯公式将求解灵敏度指标 $S_{\lambda_i}^{p_S}$ 转化为求解相应的条件概率密度 $f(\lambda_i | \Omega)$ 和无条件概率密度 $f(\lambda_i)$。而无条件概率密度为输入失效率的统计特性,往往事先给定,因此只需求解相应的条件概率密度 $f(\lambda_i | \Omega)$,便可以高效地获得灵敏度指标 $S_{\lambda_i}^{p_S}$ 的结果。同时,通过自适应的 Kriging 代理模型来构建相应输出的代理模型,从而进一步得到部附件失效率的条件样本。通过部附件失效率的条件样本结合核密度估计方法,便可以估计获得条件概率密度 $f(\lambda_i | \Omega)$,并进一步求解得到最终的安全性灵敏度指标 $S_{\lambda_i}^{p_S}$ 结果。由于所提方法中仅是在构建 Kriging 代理模型时需要调用真实失效概率函数,因此该方法具有较高的计算效率。

第6章
安全完整性水平下安全系统灵敏度分析的高效求解

　　前面3个章节主要是针对系统本身安全性指标开展的灵敏度分析研究工作,而在安全性设计工作中,如果通过对系统本身采取设计措施并不能使安全性水平达到理想的要求状态,此时就可以考虑在设计中加装安全系统,以达到提高系统安全性的目的。安全系统是保证系统安全运行的重要设备,是防止危险事件发生或减缓其后果的关键系统,是系统安全性思想在安全性设计领域的实践和应用。在系统安全性设计中,安全系统是提高或改进系统安全性的一种常用设计方式或手段,它自身的安全性直接决定了其安全功能的发挥,因此有必要建立安全系统的安全性指标,用来度量其安全性水平。国际标准 IEC61508 就对安全系统的安全性指标提出了相应的规定。此外,由于受各种不确定性因素的影响,安全系统的各部附件具有一定的不确定性,最终导致安全系统的性能输出也具有一定的不确定性。为此,文献[86]对安全系统的不确定性问题进行了研究,建立了相应的灵敏度分析指标,给出了计算该灵敏度指标的有限差分法。然而,有限差分法是一种估计导数的数值近似方法,可能导致所计算的灵敏度指标结果出现较大的误差,并且需要巨大的计算量,使得该方法在工程中难以应用[133]。为此,本章将数字仿真技术和偏导数解析法相结合,提出一种能够高效、准确估计指标的仿真方法,以克服有限差分法存在的问题。

6.1　安全系统及其灵敏度回顾

6.1.1　安全系统的相关概念

　　安全系统是为了实现一定安全功能而由多个部附件构成的安全控制系统。

安全仪表系统就是一种典型的安全系统,它一般由传感器、一个或多个控制器以及执行器等部附件组成的安全控制系统[134-136]。安全仪表系统主要用来监视系统工作过程中潜在的危险,及时发出警告信息或执行预定功能,防止危险事件的发生或缓解危险事件发生所产生的后果,将风险控制在可接受水平。

国际标准 IEC61508[139] 要求定量分析安全仪表系统的安全性,使它达到一定的安全完整性水平(safety integrity level,SIL)。安全完整性水平是指在一定时间、一定条件下,安全系统能够执行规定安全功能的概率[135-138]。在设计安全系统之前,首先要根据系统的实际情况确定所需达到的 SIL;设计后需对它的 SIL 进行验证,确保所设计的安全系统能够满足所提出的 SIL。验证安全系统的 SIL 时,需要计算它的"平均要求时失效概率"(averge probability of failure on demand,APFD),它们之间有确定的对应关系。在 IEC61508 标准[139] 中,依据 APFD 可将低要求操作模式的 SIL 分为 4 个等级,即:①当 APFD $\in$ (10^{-2}, 10^{-1}] 时,SIL=1;②当 APFD $\in$ (10^{-3},10^{-2}] 时,SIL=2;③当 APFD $\in$ (10^{-4}, 10^{-3}] 时,SIL=3;④当 APFD $\in$ (10^{-5},10^{-4}] 时,SIL=4。当选择不同的 SIL = $j(j=1,2,3,4)$ 时,用 $p_{\text{SIL}j}(j=1,2,3,4)$ 表示 APFD 的上界,则 $p_{\text{SIL1}} = 10^{-1}$,$p_{\text{SIL2}}$ $= 10^{-2}$,$p_{\text{SIL3}} = 10^{-3}$ 和 $p_{\text{SIL4}} = 10^{-4}$。一个安全系统的输出响应量是要求时失效概率(PFD)[133],其定义为安全系统未能按需求完成其安全功能的概率。通过 PFD 可获得安全完整性水平下安全系统失效概率的大小。由于输入参数的认知不确定性,PFD 总在某一个区域内变化。一旦确定 SIL 的数值,安全系统所能获得的安全性就可以分为两部分,即:当 PFD < $p_{\text{SIL}j}$ 的安全部分,和当 PFD $\geqslant$ $p_{\text{SIL}j}$ 的不安全部分。为此,安全系统的失效概率 P_{PFD} 是指安全系统的 PFD 表示超出 $p_{\text{SIL}j}(j=1,2,3,4)$ 时的概率。如果用 Y 表示安全系统的 PFD 值,则 $P_{\text{PFD}} = \int_{p_{\text{SIL}j}}^{1} f_Y(y)\mathrm{d}y$,其中 $f_Y(y)$ 为输出 Y 的密度函数。当 SIL 被确定为 SIL=$j(j=1,2,3,4)$ 时,P_{PFD} 反映了安全系统的安全性,其值越小,反映出安全系统的安全性水平越高。本章中主要关注输入参数如何影响安全系统的 P_{PFD}。

为了确定输入参数如何影响安全系统的 P_{PFD},文献[86] 对安全完整性水平下的安全系统的灵敏度分析进行了研究,并从不同的角度建立了灵敏度分析指标,下面来对相关内容进行简单回顾。

6.1.2 安全系统灵敏度回顾

对于一个安全系统,PFD 是前面提到的输出 Y。定义 Y 为 $Y = g(X)$,其中

$\boldsymbol{X} = (X_1, X_2, \cdots, X_n)$ 为独立的不确定输入变量。对于任意输入变量 $X_i (i = 1, 2, \cdots, n)$，假设其认知不确定性由含有 m 个参数的向量 $\boldsymbol{\theta}_i = (\theta_{i1}, \theta_{i2}, \cdots, \theta_{im})$ 来描述，那么，它的期望值 μ_{0i}、方差 V_{0i} 和概率密度函数 $f_{X_i}(x_i)$ 可由参数 $\boldsymbol{\theta}_i$ 得到。当确定安全完整性水平 SIL $= j(j = 1, 2, 3, 4)$，则 P_{PFD} 表示安全系统的 PFD 超出 $p_{\mathrm{SIL}j}(j = 1, 2, 3, 4)$ 的概率。因而，P_{PFD} 可表示为

$$P_{\mathrm{PFD}} = \int_{p_{\mathrm{SIL}j}}^{1} f_Y(y)\,\mathrm{d}y = \int_{\mathbf{R}^n} I_{\mathrm{SIL}j}(\boldsymbol{X}) \prod_{i=1}^{n} f_{X_i}(x_i) \prod_{i=1}^{n} \mathrm{d}x_i \tag{6.1}$$

式中：$\mathbf{R}^n$ 是不确定输入变量的样本空间；$I_{\mathrm{SIL}j}(\boldsymbol{X})$ 为指示函数，定义如下：

$$I_{\mathrm{SIL}j}(\boldsymbol{X}) = \begin{cases} 1 & Y \in [p_{\mathrm{SIL}j}, 1] \\ 0 & Y \notin [p_{\mathrm{SIL}j}, 1] \end{cases} \tag{6.2}$$

在安全完整性水平 SIL 给定的情况下，研究安全系统中不确定输入变量的灵敏度对于评估各个不确定输入的重要性程度，以及安全系统的设计与优化工作具有非常重要的作用。文献[86]从不同角度对安全完整性水平下安全系统的灵敏度分析方法进行了研究，并提出了 3 种灵敏度分析指标。其中第一种灵敏度指标表达如下：

$$M1_i = \frac{P_{\mathrm{PFD}} - P_{\mathrm{PFD}\,|X_i^*}}{P_{\mathrm{PFD}}} \tag{6.3}$$

式中：$P_{\mathrm{PFD}\,|X_i^*}$ 是将输入变量 X_i 固定在 X_i^* 时安全系统的条件 P_{PFD}，一般情况下取 $X_i^* = \mu_{0i}$；$M1_i$ 衡量的是当不确定输入变量 X_i 的不确定性消除后 P_{PFD} 的相对减小量。因此，当 $M1_i = 0$ 时，表示 X_i 的不确定性对 P_{PFD} 没有影响。如果 $M1_i > 0$，表示 X_i 的不确定性消除后 P_{PFD} 将会减小，反之则表示 X_i 的不确定性消除后 P_{PFD} 将会增大。

第二种灵敏度指标表达为

$$M2_i = \frac{V_i}{P_{\mathrm{PFD}}} \frac{\partial P_{\mathrm{PFD}}}{\partial V_i} \Big|_{V_i = V_{0i}} \tag{6.4}$$

式中：V_i 为不确定输入变量 X_i 的方差，它是分布参数 $\boldsymbol{\theta}_i$ 的函数；$\dfrac{\partial P_{\mathrm{PFD}}}{\partial V_i}$ 为 P_{PFD} 对 V_i 的导数，表征了 P_{PFD} 对 V_i 的灵敏度。$M2_i$ 反应了由于不确定输入变量 X_i 的方差 V_i 的变化而导致 P_{PFD} 发生变化的大小。如果 $M2_i > 0$，表示减小输入变量 X_i 的不确定性将会减小 P_{PFD}，反之则表示减小输入 X_i 的不确定性将会增大 P_{PFD}。因此，在设计中，应重点关注与较大 $M2_i$ 值对应的不确定性输入变量。

第三种灵敏度指标表达如下：

$$M3_i = V_i \frac{\partial V(P_{\text{PFD}|X_i})}{\partial V_i} \Big|_{V_i = V_{0i}} \tag{6.5}$$

式中：$P_{\text{PFD}|X_i}$ 为将不确定输入变量 X_i 固定后的条件 P_{PFD}；$\dfrac{\partial V(P_{\text{PFD}|X_i})}{\partial V_i}$ 为 $V(P_{\text{PFD}|X_i})$ 对 V_i 的偏导数，描述了 $V(P_{\text{PFD}|X_i})$ 对 V_i 的灵敏度。$M3_i$ 评估的是由于不确定输入变量 X_i 的方差改变所导致的 P_{PFD} 方差的改变。如果 $M3_i > 0$，表示减小输入变量 X_i 的不确定性将会减小 P_{PFD}，反之则表示减小输入变量 X_i 的不确定性将会增大 P_{PFD}。因此，$M3_i$ 越大，表示输入变量 X_i 对 P_{PFD} 的影响越大。文献[86]中给出了一种基于有限差分法的 $M3_i$ 计算方法。

在使用有限差分法估计 $M3_i$ 时，首先令 X_i 的方差减少一个很小的量 $V_i = (1 - \eta)V_{0i}$（相应的输入记做 X_i^*）。那么，$M3_i$ 可通过下式进行求解：

$$\begin{aligned} M3_i &= \lim_{V_i \to V_{0i}} V_i \frac{V(P_{\text{PFD}|X_i}) - V(P_{\text{PFD}|X_i^*})}{V_{0i} - V_i} \\ &\approx V_{0i} \frac{V(P_{\text{PFD}|X_i}) - V(P_{\text{PFD}|X_i^*})}{\eta V_{0i}} \end{aligned} \tag{6.6}$$

式中：η 为有限差分法的步长；$V(P_{\text{PFD}|X_i^*})$ 为当 X_i 的方差减少 $100\eta\%$ 时，系统不安全域的方差。

由上式可见，使用有限差分法估计 $M3_i$ 时存在一定的不足。首先，该方法的计算量很大。为了获得 $M3_i (i = 1,2,\cdots,n)$，需要先估计 $V(P_{\text{PFD}|X_i})$ 和 $V(P_{\text{PFD}|X_i^*})$。如果对输入变量 X_i 的 N 个样本进行蒙特卡罗仿真来获得 $V(P_{\text{PFD}|X_i})$ 和 $V(P_{\text{PFD}|X_i^*})$ 的估计值，则需要 $2 \times N \times N$ 的计算量。为获得所有输入变量的 $M3_i (i = 1,2,\cdots,n)$，所需要的总计算量为 $N_{\text{call}}^{\text{FDM}} = 2nNN$。其次，$M3_i$ 的精度依赖于步长 η 的取值。通常情况下，η 的取值越小，计算结果越准确。但是，对于中等规模的 MCS 样本，由于 $V(P_{\text{PFD}|X_i})$ 和 $V(P_{\text{PFD}|X_i^*})$ 的随机性，当 η 的取值较小时，比如取 0.001 或 0.01，可能会导致计算结果的不稳定性。虽然可以通过提高 η 的值来解决这个问题，比如说取 0.5 或一个更大的数值，但是相应的 $M3_i$ 估计值的精度可能较低。文献[86]的研究结果表明，当 η 的取值为 0.1 或 0.2 时，采用有限差分法来估计灵敏度指标 $M3_i$ 的精度较好。

通过以上分析可知，采用有限差分法求解灵敏度指标 $M3_i$ 时，面临求解不稳定、不准确和计算成本过高这些难题。为此，本章重点对指标 $M3_i$ 的求解方法进行深入探讨和研究,并提出一种新的高效算法。

6.2 灵敏度指标求解高效方法

由以上分析可知,获得 $M3_i$ 的关键点是对 $V(P_{\mathrm{PFD}|X_i})$ 的估计。如果直接使用 MCS 估计 $V(P_{\mathrm{PFD}|X_i})$,计算量很大。因而,在此首先根据方差与期望的关系对 $V(P_{\mathrm{PFD}|X_i})$ 进行如下转换:

$$V(P_{\mathrm{PFD}|X_i}) = E\big[(P_{\mathrm{PFD}|X_i})^2\big] - \big[E(P_{\mathrm{PFD}|X_i})\big]^2$$

$$= \int_{R_i}\Big[\int_{\boldsymbol{R}^{n-1}} I_{\mathrm{SIL}j}(\boldsymbol{X}_{\sim i})\prod_{\substack{k=1\\k\neq 1}}^n f_{X_k}(x_k)\prod_{\substack{k=1\\k\neq i}}^n \mathrm{d}x_k\Big]^2 f_{X_i}(x_i)\,\mathrm{d}x_i - (P_{\mathrm{PFD}})^2$$

$$= \int_{\boldsymbol{R}^{2n-1}} I_{\mathrm{SIL}j}(\boldsymbol{X}_{\sim i})\prod_{\substack{k=1\\k\neq 1}}^n f_{X_k}(x_k)I'_{\mathrm{SIL}j}(X'_{\sim i})\prod_{\substack{k=1\\k\neq 1}}^n f_{X_k}(x'_k)\prod_{\substack{k=1\\k\neq 1}}^n \mathrm{d}x_k\prod_{\substack{k=1\\k\neq 1}}^n \mathrm{d}x'_k - (P_{\mathrm{PFD}})^2$$

$$= H_i - (P_{\mathrm{PFD}})^2 \tag{6.7}$$

式中: $H_i = \int_{\boldsymbol{R}^{2n-1}} I_{\mathrm{SIL}j}(\boldsymbol{X}_{\sim i})\prod_{\substack{k=1\\k\neq i}}^n f_{X_k}(x_k)I'_{\mathrm{SIL}j}(X'_{\sim i})\prod_{\substack{k=1\\k\neq i}}^n f_{X_k}(\boldsymbol{x}'_k)\prod_{\substack{k=1\\k\neq i}}^n \mathrm{d}x_k\prod_{\substack{k=1\\k\neq i}}^n \mathrm{d}x'_k$; $E(\cdot)$ 为期望算子; R_i 为输入变量 X_i 的样本空间; $\boldsymbol{R}^{n-1}$ 和 $\boldsymbol{R}^{2n-1}$ 分别为 $(n-1)$ 维和 $(2n-1)$ 维的样本空间; x'_k 与 x_k 独立同分布; $\boldsymbol{X}_{\sim i}$ 和 $\boldsymbol{X}'_{\sim i}$ 是包含所有输入的两个向量; x_i 与 x'_i 相互独立。当输入变量 X_i 不变时, $I_{\mathrm{SIL}j}(\boldsymbol{X}_i)$ 为条件指示函数。当 $Y \in [p_{\mathrm{SIL}j},1]$ 时, $I_{\mathrm{SIL}j}(\boldsymbol{X}_i) = 1$;否则, $I_{\mathrm{SIL}j}(\boldsymbol{X}_i) = 0$, $I'_{\mathrm{SIL}j}(\boldsymbol{X}'_i)$ 与 $I_{\mathrm{SIL}j}(\boldsymbol{X}_i)$ 类似。这一推论结果表明, $V(P_{\mathrm{PFD}|X_i})$ 的估计值可由指示函数的积分获得。通常该积分可由单层 MCS 法[140] 计算得到。因此, $M3_i$ 可计算如下:

$$M3_i = V_i\frac{\partial\big[H_i - (P_{\mathrm{PFD}})^2\big]}{\partial V_i}\Big|_{V_i = V_{0i}}$$

$$= V_i\Big[\frac{\partial H_i}{\partial V_i} - \frac{\partial (P_{\mathrm{PFD}})^2}{\partial V_i}\Big]\Big|_{V_i = V_{0i}}$$

$$= V_i\Big[\frac{\partial H_i}{\partial V_i} - 2P_{\mathrm{PFD}}\frac{\partial P_{\mathrm{PFD}}}{\partial V_i}\Big]\Big|_{V_i = V_{0i}} \tag{6.8}$$

上式将 $M3_i$ 计算公式中的偏导数 $\dfrac{\partial V(P_{\mathrm{PFD}|X_i})}{\partial V_i}\Big|_{V_i = V_{0i}}$ 的估计转换为对两个

偏导数 $\dfrac{\partial H_i}{\partial V_i}\Big|_{V_i=V_{0i}}$、$\dfrac{\partial P_{\mathrm{PFD}}}{\partial V_i}\Big|_{V_i=V_{0i}}$ 以及 P_{PFD} 的计算。然而,高效准确地计算偏导数 $\dfrac{\partial H_i}{\partial V_i}\Big|_{V_i=V_{0i}}$ 和 $\dfrac{\partial P_{\mathrm{PFD}}}{\partial V_i}\Big|_{V_i=V_{0i}}$ 仍然比较困难。因此,估计 $M3_i$ 时,如何高效计算 $\dfrac{\partial H_i}{\partial V_i}\Big|_{V_i=V_{0i}}$ 和 $\dfrac{\partial P_{\mathrm{PFD}}}{\partial V_i}\Big|_{V_i=V_{0i}}$ 是非常重要的步骤。

本节使用链式法则来估计这两个导数。在使用链式法则之前,需要计算分布参数对方差 V_i 的偏导数,而 X_i 的方差 V_i 是分布参数的函数 $V_i = \varphi(\boldsymbol{\theta}_i) = \varphi(\theta_{i1}, \theta_{i2}, \cdots, \theta_{im})$。相应地,分布参数 $\boldsymbol{\theta}_i = [\theta_{i1}, \theta_{i2}, \cdots, \theta_{im}]$ 是输入变量 X_i 的方差 V_i 和其他统计参数的函数,即

$$\begin{cases} \theta_{i1} = \theta_{i1}(V_i, \boldsymbol{\kappa}_i) \\ \theta_{i2} = \theta_{i2}(V_i, \boldsymbol{\kappa}_i) \\ \quad\vdots \\ \theta_{im} = \theta_{im}(V_i, \boldsymbol{\kappa}_i) \end{cases} \tag{6.9}$$

式中:$\boldsymbol{\kappa}_i$ 为其他统计参数向量,如输入变量 X_i 的期望 μ_i 和偏度 α_{3i}。对于上式中的一些常用分布函数具有解析形式。由上式可知 $\theta_{il}(l = 1, 2, \cdots, m)$ 对 V_i 的偏导数可表示为

$$\begin{cases} \dfrac{\partial \theta_{i1}}{\partial V_i} = \dfrac{\partial \theta_{i1}(V_i, \boldsymbol{\kappa}_i)}{\partial V_i} \\[2mm] \dfrac{\partial \theta_{i2}}{\partial V_i} = \dfrac{\partial \theta_{i2}(V_i, \boldsymbol{\kappa}_i)}{\partial V_i} \\[1mm] \quad\vdots \\[1mm] \dfrac{\partial \theta_{im}}{\partial V_i} = \dfrac{\partial \theta_{im}(V_i, \boldsymbol{\kappa}_i)}{\partial V_i} \end{cases} \tag{6.10}$$

求得 $\theta_{il}(l = 1, 2, \cdots, m)$ 对 V_i 的偏导数后,灵敏度指标 $M3_i$ 可根据链式法则进一步表示为

$$M3_i = V_i\left[\sum_{l=1}^{m} \frac{\partial H_i}{\partial \theta_{il}} \frac{\partial \theta_{il}}{\partial V_i} - 2P_{\mathrm{PFD}} \sum_{l=1}^{m} \frac{\partial P_{\mathrm{PFD}}}{\partial \theta_{il}} \frac{\partial \theta_{il}}{\partial V_i} \right]\Big|_{V_i=V_{0i}} \tag{6.11}$$

至此,偏导数 $\dfrac{\partial H_i}{\partial V_i}\big|_{V_i=V_{0i}}$ 和 $\dfrac{\partial P_{\mathrm{PFD}}}{\partial V_i}\big|_{V_i=V_{0i}}$ 的估计分别转换为偏导数 $\sum_{l=1}^{m} \dfrac{\partial H_i}{\partial \theta_{il}} \dfrac{\partial \theta_{il}}{\partial V_i}\big|_{V_i=V_{0i}}$ 和 $\sum_{l=1}^{m} \dfrac{\partial P_{\mathrm{PFD}}}{\partial \theta_{il}} \dfrac{\partial \theta_{il}}{\partial V_i}\big|_{V_i=V_{0i}}$ 的估计。其中,$\dfrac{\partial \theta_{il}}{\partial V_i}\big|_{V_i=V_{0i}}(l = 1, 2, \cdots, m)$ 可由

式(6.10)得到。因此,下面重点研究 P_{PFD}、$\dfrac{\partial H_i}{\partial \theta_{il}}(l = 1, 2, \cdots, m)$ 和 $\dfrac{\partial P_{PFD}}{\partial \theta_{il}}(l = 1,$ $2, \cdots, m)$ 的估计方法。

根据 P_{PFD} 的定义,P_{PFD} 可以通过以下的 MCS 方法进行估计求解:

$$P_{PFD} = \int_{\boldsymbol{R}^n} I_{SILj}(\boldsymbol{X}) \prod_{k=1}^{n} f_{X_k}(x_k) \prod_{k=1}^{n} \mathrm{d}x_k = E[I_{SILj}(\boldsymbol{X})] = \frac{1}{N} \sum_{q=1}^{N} I_{SILj}(\boldsymbol{x}^{(q)})$$

$$(6.12)$$

式中:$\boldsymbol{x}^{(q)} = (x_1^{(q)}, x_2^{(q)}, \cdots, x_n^{(q)})(q = 1, 2, \cdots, N)$ 为依据输入变量 $\boldsymbol{X}$ 的密度函数采用蒙特卡罗仿真方法随机抽取的第 q 个样本。

对于 $\dfrac{\partial P_{PFD}}{\partial \theta_{il}}(l = 1, 2, \cdots, m)$ 的估计,可将其进一步推导为[141]

$$\begin{aligned}
\frac{\partial P_{PFD}}{\partial \theta_{il}} &= \int_{\boldsymbol{R}^n} I_{SILj}(\boldsymbol{X}) \frac{\partial\left[\prod\limits_{k=1}^{n} f_{X_k}(x_k)\right]}{\partial \theta_{il}} \prod_{k=1}^{n} \mathrm{d}x_k \\
&= \int_{\boldsymbol{R}^n} \frac{I_{SILj}(\boldsymbol{X})}{\prod\limits_{k=1}^{n} f_{X_k}(x_k)} \frac{\partial\left[\prod\limits_{k=1}^{n} f_{X_k}(x_k)\right]}{\partial \theta_{il}} \prod_{k=1}^{n} f_{X_k}(x_k) \prod_{k=1}^{n} \mathrm{d}x_k \\
&= \int_{\boldsymbol{R}^n} \frac{I_{SILj}(\boldsymbol{X})}{\prod\limits_{k=1}^{n} f_{X_k}(x_k)} \prod_{\substack{p=1 \\ p \neq i}}^{n} f_{X_p}(x_p) \frac{\partial f_{X_i}(x_i)}{\partial \theta_{il}} \prod_{k=1}^{n} f_{X_k}(x_k) \prod_{k=1}^{n} \mathrm{d}x_k \\
&= \int_{\boldsymbol{R}^n} \frac{I_{SILj}(\boldsymbol{X})}{f_{X_i}(x_i)} \frac{\partial f_{X_i}(x_i)}{\partial \theta_{il}} \prod_{k=1}^{n} f_{X_k}(x_k) \prod_{k=1}^{n} \mathrm{d}x_k \\
&= \frac{1}{N} \sum_{q=1}^{N} \left[\frac{I_{SILi}(\boldsymbol{x}^{(q)})}{f_{X_i}(x_i^{(q)})} \frac{\partial f_{X_i}(x_i^{(q)})}{\partial \theta_{il}}\right]
\end{aligned} \qquad (6.13)$$

式中:$\boldsymbol{x}^{(q)} = (x_1^{(q)}, x_2^{(q)}, \cdots, x_n^{(q)})(q = 1, 2, \cdots, N)$ 为第 q 个样本向量;$x_i^{(q)}$ 为样本 $\boldsymbol{x}^{(q)}$ 的第 i 个分量;$f_{X_i}(x_i^{(q)})$ 为输入变量 X_i 在样本 $x_i^{(q)}$ 处的密度函数值。由上式可看出,当由式(6.12)产生样本 $\boldsymbol{x}^{(q)}(q = 1, 2, \cdots, N)$ 后,$\dfrac{\partial P_{PFD}}{\partial \theta_{il}}(l = 1, 2, \cdots, m)$ 的估计不需要额外的样本。

$\dfrac{\partial H_i}{\partial \theta_{il}}(l = 1, 2, \cdots, m)$ 的估计比 P_{PFD} 和 $\dfrac{\partial P_{PFD}}{\partial \theta_{il}}(l = 1, 2, \cdots, m)$ 的估计要复杂

得多。本节用下面的近似方法获得 $\dfrac{\partial H_i}{\partial \theta_{il}}(l = 1, 2, \cdots, m)$ 的值。

$$
\begin{aligned}
\frac{\partial H_i}{\partial \theta_{il}} &= \int_{\boldsymbol{R}^{2n-1}} I_{\mathrm{SIL}j}(\boldsymbol{X}_{\sim i}) I'_{\mathrm{SIL}j}(\boldsymbol{X}'_{\sim i}) \frac{\partial \left[\prod\limits_{\substack{k=1}}^{n} f_{X_k}(x_k) \right]}{\partial \theta_{il}} \prod_{\substack{k=1}}^{n} f_{X_k}(x'_k) \prod_{\substack{k=1\\k\neq i}}^{n} \mathrm{d}x_k \prod_{\substack{k=1\\k\neq i}}^{n} \mathrm{d}x'_k \\
&= \int_{\boldsymbol{R}^{2n-1}} \frac{I_{\mathrm{SIL}j}(\boldsymbol{X}_{\sim i}) I'_{\mathrm{SIL}j}(\boldsymbol{X}'_{\sim i})}{\prod\limits_{k=1}^{n} f_{X_k}(x_k)} \frac{\partial \left[\prod\limits_{k=1}^{n} f_{X_k}(x_k) \right]}{\partial \theta_{il}} \prod_{\substack{k=1}}^{n} f_{X_k}(x_k) \prod_{\substack{k=1\\k\neq i}}^{n} f_{X_k}(x'_k) \prod_{\substack{k=1\\k\neq i}}^{n} \mathrm{d}x_k \prod_{\substack{k=1\\k\neq i}}^{n} \mathrm{d}x'_k \\
&= \int_{\boldsymbol{R}^{2n-1}} \frac{I_{\mathrm{SIL}j}(\boldsymbol{X}_{\sim i}) I'_{\mathrm{SIL}j}(\boldsymbol{X}_i)}{\prod\limits_{k=1}^{n} f_{X_k}(x_k)} \prod_{\substack{p=1\\p\neq i}}^{n} f_{X_p}(x_p) \frac{\partial f_{X_i}(x_i)}{\partial \theta_{il}} \prod_{\substack{k=1}}^{n} f_{X_k}(x_k) \prod_{\substack{k=1\\k\neq i}}^{n} f_{X_k}(x'_k) \prod_{\substack{k=1\\k\neq i}}^{n} \mathrm{d}x_k \prod_{\substack{k=1\\k\neq i}}^{n} \mathrm{d}x'_k \\
&= \int_{\boldsymbol{R}^{2n-1}} \frac{I_{\mathrm{SIL}j}(\boldsymbol{X}_{\sim i}) I'_{\mathrm{SIL}j}(\boldsymbol{X}'_{\sim i})}{f_{X_i}(x_i)} \frac{\partial f_{X_i}(x_i)}{\partial \theta_{il}} \prod_{\substack{k=1}}^{n} f_{X_k}(x_k) \prod_{\substack{k=1\\k\neq i}}^{n} f_{X_k}(x'_k) \prod_{\substack{k=1\\k\neq i}}^{n} \mathrm{d}x_k \prod_{\substack{k=1\\k\neq i}}^{n} \mathrm{d}x'_k
\end{aligned}
$$

$$(6.14)$$

基于单循环 MCS 理论，估计 $\dfrac{\partial H_i}{\partial \theta_{il}}(l = 1, 2, \cdots, m)$ 的详细步骤如下：

首先，根据输入变量 $\boldsymbol{X}$ 的概率密度函数生成两个 $N \times n$ 维样本矩阵 $\boldsymbol{A}$ 和 $\boldsymbol{B}$，$\boldsymbol{A}$ 和 $\boldsymbol{B}$ 的元素分别为 $x_k^{(\mathbf{A}q)}(k = 1, 2, \cdots, n; q = 1, 2, \cdots, N)$ 和 $x_k^{(\mathbf{B}q)}(k = 1, 2, \cdots, n; q = 1, 2, \cdots, N)$，分别记为 $\boldsymbol{x}^{(\mathbf{A}q)} = (x_1^{(\mathbf{A}q)}, x_2^{(\mathbf{A}q)}, \cdots, x_n^{(\mathbf{A}q)})$，$\boldsymbol{x}^{(\mathbf{B}q)} = (x_1^{(\mathbf{B}q)}, x_2^{(\mathbf{B}q)}, \cdots, x_n^{(\mathbf{B}q)})$。

然后，生成 $N \times n$ 维样本矩阵 $\boldsymbol{C}^{(i)}(i = 1, 2, \cdots, n)$，其第 i 列来自 $\boldsymbol{A}$ 的第 i 列，其余的 $(n-1)$ 列是 $\boldsymbol{B}$ 对应列的样本，$\boldsymbol{C}^{(i)}(i = 1, 2, \cdots, n)$ 中的元素为 $x_k^{(\mathbf{C}^{(i)}q)}(k = 1, 2, \cdots, n; q = 1, 2, \cdots, N)$，记 $\boldsymbol{x}^{(\mathbf{C}^{(i)}q)} = [x_1^{(\mathbf{C}^{(i)}q)}, x_2^{(\mathbf{C}^{(i)}q)}, \cdots, x_n^{(\mathbf{C}^{(i)}q)}]$。

最后，用上式来有效地估计 $\dfrac{\partial H_i}{\partial \theta_{il}}(l = 1, 2, \cdots, m)$ 的值如下：

$$
\frac{\partial H_i}{\partial \theta_{il}} = \frac{1}{N} \sum_{q=1}^{N} \left[\frac{I_{\mathrm{SIL}j}(\boldsymbol{x}^{(\mathbf{A}q)}) I'_{\mathrm{SIL}j}(\boldsymbol{x}^{(\mathbf{C}^{(i)}q)})}{f_{X_i}(x_i^{(\mathbf{A}q)})} \frac{\partial f_{X_i}(x_i^{(\mathbf{A}q)})}{\partial \theta_{il}} \right]
$$

$$(6.15)$$

式中：$f_{X_i}(x_i^{(\mathbf{A}q)})$ 为不确定输入变量 X_i 在样本 $x_i^{(\mathbf{A}q)}$ 的密度函数值。

基于以上估计过程,便可以有效地估计得到 P_{PFD}、$\dfrac{\partial P_{\text{PFD}}}{\partial \theta_{il}}(l = 1, 2, \cdots, m)$ 和

$\dfrac{\partial H_i}{\partial \theta_{il}}(l = 1, 2, \cdots, m)$ 的值,以及灵敏度指标 $M3_i$ 的结果。需要说明的是,可以使

用相同的样本 $\boldsymbol{A}$ 来估计 P_{PFD}、$\dfrac{\partial P_{\text{PFD}}}{\partial \theta_{il}}(l = 1, 2, \cdots, m)$ 和 $\dfrac{\partial H_i}{\partial \theta_{il}}(l = 1, 2, \cdots, m)$。

这样就可以使用尽可能少的样本来计算灵敏度指标 $M3_i$。

以上分析过程表明,与有限差分法相比较,所提方法更有效、更准确。该方法在估计 $M3_i$ 时的计算成本主要来源于 $I_{\text{SIL}j}(\boldsymbol{x}^{(\boldsymbol{A}q)})$ 和 $I'_{\text{SIL}j}(\boldsymbol{x}^{(\boldsymbol{C}^{(i)}q)})$ 估计,一旦得到 $I_{\text{SIL}j}(\boldsymbol{x}^{(\boldsymbol{A}q)})$,就可以估计所有输入变量 $X_i(i = 1, 2, \cdots, n)$ 的 $M3_i$,其计算成本为 N。对于不同输入变量 $X_i(i = 1, 2, \cdots, n)$ 的 $M3_i$ 估计,$I'_{\text{SIL}j}(\boldsymbol{x}^{(\boldsymbol{C}^{(i)}q)})$ 是不同的,所有输入变量的计算成本为 nN。因此,该方法估计 $M3_i$ 的总计算成本为 $N_{\text{call}}^{\text{PR}} = (1 + n)N$。如 6.1 节所述,有限差分法估计 $M3_i$ 的计算成本为 $N_{\text{call}}^{\text{FDM}} = 2nNN$。显然,$N_{\text{call}}^{\text{PR}} < N_{\text{call}}^{\text{FDM}}$。同时,该方法采用解析法来估计偏导数,这能解决有限差分法由步长 η 所引起的数据不稳定和结果不准确的问题。下一节以几种常见的分布为例说明该方法的具体过程。

6.3　特定分布情况下的灵敏度指标计算

6.3.1　指数分布

对于指数分布[142]的输入变量 X_i,密度函数 $f_{X_i}(x_i)$ 可用下式表示。

$$f_{X_i}(x_i) = \begin{cases} \lambda\, e^{-\lambda x_i} & (x_i \geqslant 0) \\ 0 & (x_i < 0) \end{cases} \tag{6.16}$$

式中:概率密度函数只有一个分布参数,即 $\theta_i = \lambda$。该分布的期望和方差为 $\mu_i = \dfrac{1}{\theta_i}$ 和 $V_i = \dfrac{1}{\theta_i^2}$。因此容易得出分布参数 θ_i 对方差 V_i 的解析表达式为

$$\theta_i = \frac{1}{\sqrt{V_i}} \tag{6.17}$$

分布参数 θ_i 对方差 V_i 的导数可用下式进一步估计：

$$\frac{\partial \theta_i}{\partial V_i} = -\frac{1}{2\sqrt{V_i^3}} = -\frac{\theta_i^3}{2} \tag{6.18}$$

当 $X_i \geqslant 0$ 时，概率密度函数对分布参数的导数如下：

$$\frac{\partial f_{X_i}(x_i)}{\partial \theta_i} = \left(\frac{1}{\theta_i} - x_i\right) f_{X_i}(x_i) \tag{6.19}$$

结合以上各式，可分别得到 $\dfrac{\partial P_{\text{PFD}}}{\partial \theta_i}$ 和 $\dfrac{\partial H_i}{\partial \theta_i}$ 的估计值如下：

$$\frac{\partial P_{\text{PFD}}}{\partial \theta_i} = \frac{1}{N} \sum_{q=1}^{N} \left[I_{\text{SIL}j}(\boldsymbol{x}^{(q)}) \left(\frac{1}{\theta_i} - x_i^{(q)}\right) \right] \tag{6.20}$$

$$\frac{\partial H_i}{\partial \theta_i} = \frac{1}{N} \sum_{q=1}^{N} \left[I_{\text{SIL}j}(\boldsymbol{x}^{(\mathbf{A}q)}) I'_{\text{SIL}j}(\boldsymbol{x}^{(\mathbf{C}^{(i)}q)}) \left(\frac{1}{\theta_i} - x_i^{(\mathbf{A}q)}\right) \right] \tag{6.21}$$

最后，结合以上各式，可高效、准确地得到指数分布的输入变量 X_i 的 $M3_i$。

6.3.2 伽马分布

伽马分布（r 分布）[143] 的密度函数如下：

$$f_{X_i}(x_i) = \begin{cases} \dfrac{\beta^{\alpha}}{\Gamma(\alpha)} x_i^{\alpha-1} e^{-\beta x_i} & (x_i \geqslant 0) \\ 0 & (x_i < 0) \end{cases} \tag{6.22}$$

式中：α 和 β 为分布参数，即 $\theta_{i1} = \alpha$ 和 $\theta_{i2} = \beta$。$\Gamma(\cdot)$ 为 γ 函数，可表示为

$$\Gamma(\alpha) = \int_0^{+\infty} e^{-x} x^{\alpha-1} dx \, (\alpha > 0) \tag{6.23}$$

γ 分布的期望和方差分别为 $\mu_i = \dfrac{\theta_{i1}}{\theta_{i2}}$ 和 $V_i = \dfrac{\theta_{i1}}{\theta_{i2}^2}$。进一步可得到分布参数 θ_{i1} 和 θ_{i2} 对期望 μ_i 和方差 V_i 的解析表达式。

$$\begin{cases} \theta_{i1} = \dfrac{\mu_i^2}{V_i} \\ \theta_{i2} = \dfrac{\mu_i}{V_i} \end{cases} \tag{6.24}$$

分布参数 θ_{i1} 和 θ_{i2} 对方差 V_i 的偏导数可由下式得到。

115

$$\begin{cases} \dfrac{\partial \theta_{i1}}{\partial V_i} = -\dfrac{\mu_i^2}{V_i^2} = -\theta_{i2}^2 \\[4mm] \dfrac{\partial \theta_{i2}}{\partial V_i} = -\dfrac{\mu_i}{V_i^2} = -\dfrac{\theta_{i2}^3}{\theta_{i1}} \end{cases} \tag{6.25}$$

概率密度函数对分布参数 θ_{i1} 和 θ_{i2} 的偏导数的推导过程如下：

$$\frac{\partial f_{X_i}(x_i)}{\partial \theta_{i1}} = \frac{\partial f_{X_i}(x_i)}{\partial \alpha} = \partial\left[\frac{\beta^\alpha}{\Gamma(\alpha)} x_i^{\alpha-1} \mathrm{e}^{-\beta x_i}\right] \bigg/ \partial\alpha = S_1 + S_2 + S_3 \tag{6.26}$$

$$\frac{\partial f_{X_i}(x_i)}{\partial \theta_{i2}} = \frac{\partial f_{X_i}(x_i)}{\partial \beta} = \partial\left[\frac{\beta^\alpha}{\Gamma(\alpha)} x_i^{\alpha-1} \mathrm{e}^{-\beta x_i}\right] \bigg/ \partial\beta = S_4 + S_5 \tag{6.27}$$

其中：

$$\begin{cases} S_1 = \dfrac{\partial \beta^\alpha}{\partial \alpha} \dfrac{1}{\Gamma(\alpha)} x_i^{\alpha-1} \mathrm{e}^{-\beta x_i} = \dfrac{\beta^\alpha}{\Gamma(\alpha)} x_i^{\alpha-1} \mathrm{e}^{-\beta x_i} \ln\beta = f_{X_i}(x_i)\ln\beta \\[4mm] S_2 = \dfrac{\partial[1/\Gamma(\alpha)]}{\partial \alpha} \beta^\alpha x_i^{\alpha-1} \mathrm{e}^{-\beta x_i} = -\dfrac{1}{\Gamma(\alpha)} \dfrac{\partial \Gamma(\alpha)}{\partial \alpha} f_{X_i}(x_i) \\[4mm] S_3 = \dfrac{\partial x_i^{\alpha-1}}{\partial \alpha} \dfrac{\beta^\alpha}{\Gamma(\alpha)} \mathrm{e}^{-\beta x_i} = \dfrac{\beta^\alpha}{\Gamma(\alpha)} x_i^{\alpha-1} \mathrm{e}^{-\beta x_i} \ln x_i = f_{X_i}(x_i)\ln x_i \\[4mm] S_4 = \dfrac{\partial \beta^\alpha}{\partial \beta} \dfrac{1}{\Gamma(\alpha)} x_i^{\alpha-1} \mathrm{e}^{-\beta x_i} = \dfrac{\alpha}{\beta} \dfrac{\beta^\alpha}{\Gamma(\alpha)} x_i^{\alpha-1} \mathrm{e}^{-\beta x_i} = \dfrac{\alpha}{\beta} f_{X_i}(x_i) \\[4mm] S_5 = \dfrac{\partial \mathrm{e}^{-\beta x_i}}{\partial \beta} \dfrac{\beta^\alpha}{\Gamma(\alpha)} x_i^{\alpha-1} = -x_i \dfrac{\beta^\alpha}{\Gamma(\alpha)} x_i^{\alpha-1} \mathrm{e}^{-\beta x_i} = -x_i f_{X_i}(x_i) \end{cases} \tag{6.28}$$

因此

$$\begin{aligned} \frac{\partial f_{X_i}(x_i)}{\partial \theta_{i1}} &= \left[\ln\beta - \frac{1}{\Gamma(\alpha)} \frac{\partial \Gamma(\alpha)}{\partial \alpha} + \ln x_i\right] f_{X_i}(x_i) \\[2mm] &= \left[\ln(\theta_{i2} x_i) - \frac{1}{\Gamma(\theta_{i1})} \frac{\partial \Gamma(\theta_{i1})}{\partial \theta_{i1}}\right] f_{X_i}(x_i) \end{aligned} \tag{6.29}$$

$$\frac{\partial f_{X_i}(x_i)}{\partial \theta_{i2}} = \left(\frac{\alpha}{\beta} - x_i\right) f_{X_i}(x_i) = \left(\frac{\theta_{i1}}{\theta_{i2}} - x_i\right) f_{X_i}(x_i) \tag{6.30}$$

其中，$\Gamma(\theta_{i1})$ 对 θ_{i1} 的偏导数为

$$\frac{\partial \Gamma(\theta_{i1})}{\partial \theta_{i1}} = \partial\left[\int_0^{+\infty} \mathrm{e}^{-x} x^{\theta_{i1}-1} \mathrm{d}x\right] \bigg/ \partial \theta_{i1} = \int_0^{+\infty} \mathrm{e}^{-x} \frac{\partial x^{\theta_{i1}-1}}{\partial \theta_{i1}} \mathrm{d}x = \int_0^{+\infty} \mathrm{e}^{-x} x^{\theta_{i1}-1} \ln x \, \mathrm{d}x$$

$$\tag{6.31}$$

通过以上各式,可得 $\dfrac{\partial P_{\mathrm{PFD}}}{\partial \theta_{il}}(l=1,2)$ 和 $\dfrac{\partial H_i}{\partial \theta_{il}}(l=1,2)$ 的估计值如下:

$$\frac{\partial P_{\mathrm{PFD}}}{\partial \theta_{i1}} = \frac{1}{N}\sum_{q=1}^{N}\left\{I_{\mathrm{SIL}j}(\boldsymbol{x}^{(q)})\left[\ln(\theta_{i2}x_i^{(q)}) - \frac{1}{\Gamma(\theta_{i1})}\frac{\partial \Gamma(\theta_{i1})}{\partial \theta_{i1}}\right]\right\} \quad (6.32)$$

$$\frac{\partial P_{\mathrm{PFD}}}{\partial \theta_{i2}} = \frac{1}{N}\sum_{q=1}^{N}\left[I_{\mathrm{SIL}j}(\boldsymbol{x}^{(q)})\left(\frac{\theta_{i1}}{\theta_{i2}} - x_i^{(q)}\right)\right] \quad (6.33)$$

$$\frac{\partial H_i}{\partial \theta_{i1}} = \frac{1}{N}\sum_{q=1}^{N}\left\{I_{\mathrm{SIL}j}(\boldsymbol{x}^{(\mathbf{A}q)})I'_{\mathrm{SIL}j}(\boldsymbol{x}^{(\mathbf{C}^{(i)}q)})\left[\ln(\theta_{i2}x_i^{(\mathbf{A}q)}) - \frac{1}{\Gamma(\theta_{i1})}\frac{\partial \Gamma(\theta_{i1})}{\partial \theta_{i1}}\right]\right\}$$
$$(6.34)$$

$$\frac{\partial H_i}{\partial \theta_{i2}} = \frac{1}{N}\sum_{q=1}^{N}\left[I_{\mathrm{SIL}j}(\boldsymbol{x}^{(\mathbf{A}q)})I'_{\mathrm{SIL}j}(\boldsymbol{x}^{(\mathbf{C}^{(i)}q)})\left(\frac{\theta_{i1}}{\theta_{i2}} - x_i^{(\mathbf{A}q)}\right)\right] \quad (6.35)$$

结合以上各式,可高效、准确地得到伽马分布的输入变量 X_i 的 $M3_i$。

6.3.3 贝塔分布

贝塔分布(β 分布)[144] 的概率密度函数如下:

$$f_{X_i}(x_i) = \begin{cases} \dfrac{\Gamma(\alpha+\beta)}{\Gamma(\alpha)\Gamma(\beta)}(1-x_i)^{\beta-1}x_i^{\alpha-1} & (0 < x_i < 1, \alpha > 0, \beta > 0) \\ 0 & (\text{其他}) \end{cases}$$
$$(6.36)$$

式中:α 和 β 为分布参数,即 $\theta_{i1}=\alpha$ 和 $\theta_{i2}=\beta$。通过以上分析可得到参数对方差以及密度函数对参数的导数如下:

$$\begin{cases} \dfrac{\partial \theta_{i1}}{\partial V_i} = -\dfrac{(1-\mu_i)\mu_i^2}{V_i^2} = -\dfrac{(\theta_{i1}+\theta_{i2})(\theta_{i1}+\theta_{i2}+1)^2}{\theta_{i2}} \\[4mm] \dfrac{\partial \theta_{i2}}{\partial V_i} = -\dfrac{(1-\mu_i)^2\mu_i}{V_i^2} = -\dfrac{(\theta_{i1}+\theta_{i2})(\theta_{i1}+\theta_{i2}+1)^2}{\theta_{i1}} \end{cases} \quad (6.37)$$

$$\frac{\partial f_{X_i}(x_i)}{\partial \theta_{i1}} = \left[\frac{1}{\Gamma(\theta_{i1}+\theta_{i2})}\frac{\partial \Gamma(\theta_{i1}+\theta_{i2})}{\partial \theta_{i1}} - \frac{1}{\Gamma(\theta_{i1})}\frac{\partial \Gamma(\theta_{i1})}{\partial \theta_{i1}} + \ln x_i\right]f_{X_i}(x_i)$$
$$(6.38)$$

$$\frac{\partial f_{X_i}(x_i)}{\partial \theta_{i2}} = \left[\frac{1}{\Gamma(\theta_{i1}+\theta_{i2})}\frac{\partial \Gamma(\theta_{i1}+\theta_{i2})}{\partial \theta_{i2}} - \frac{1}{\Gamma(\theta_{i2})}\frac{\partial \Gamma(\theta_{i2})}{\partial \theta_{i2}} + \ln(1-x_i)\right]f_{X_i}(x_i)$$
$$(6.39)$$

并进一步得到 $\dfrac{\partial P_{\mathrm{PFD}}}{\partial \theta_{il}}(l=1,2)$ 和 $\dfrac{\partial H_i}{\partial \theta_{il}}(l=1,2)$ 的估计值如下：

$$\frac{\partial P_{\mathrm{PFD}}}{\partial \theta_{i1}} = \frac{1}{N}\sum_{q=1}^{N}\left\{ I_{\mathrm{SIL}j}(\boldsymbol{x}^{(q)})\left[\frac{1}{\Gamma(\theta_{i1}+\theta_{i2})}\frac{\partial \Gamma(\theta_{i1}+\theta_{i2})}{\partial \theta_{i1}} - \frac{1}{\Gamma(\theta_{i1})}\frac{\partial \Gamma(\theta_{i1})}{\partial \theta_{i1}} + \ln x_i^{(q)}\right]\right\}$$

$$(6.40)$$

$$\frac{\partial P_{\mathrm{PFD}}}{\partial \theta_{i2}} = \frac{1}{N}\sum_{q=1}^{N}\left\{ I_{\mathrm{SIL}j}(\boldsymbol{x}^{(q)})\left[\frac{1}{\Gamma(\theta_{i1}+\theta_{i2})}\frac{\partial \Gamma(\theta_{i1}+\theta_{i2})}{\partial \theta_{i2}} - \frac{1}{\Gamma(\theta_{i2})}\frac{\partial \Gamma(\theta_{i2})}{\partial \theta_{i2}} + \ln(1-x_i^{(q)})\right]\right\}$$

$$(6.41)$$

$$\frac{\partial H_i}{\partial \theta_{i1}} = \frac{1}{N}\sum_{q=1}^{N}\left\{ I_{\mathrm{SIL}j}(\boldsymbol{x}^{(\mathbf{A}q)})I'_{\mathrm{SIL}j}(\boldsymbol{x}^{(\mathbf{C}^{(i)}q)})\left[\begin{array}{c}\dfrac{1}{\Gamma(\theta_{i1}+\theta_{i2})}\dfrac{\partial \Gamma(\theta_{i1}+\theta_{i2})}{\partial \theta_{i1}} - \\[2mm] \dfrac{1}{\Gamma(\theta_{i1})}\dfrac{\partial \Gamma(\theta_{i1})}{\partial \theta_{i1}} + \ln x_i^{(\mathbf{A}q)}\end{array}\right]\right\}$$

$$(6.42)$$

$$\frac{\partial H_i}{\partial \theta_{i2}} = \frac{1}{N}\sum_{q=1}^{N}\left\{ I_{\mathrm{SIL}j}(\boldsymbol{x}^{(\mathbf{A}q)})I'_{\mathrm{SIL}j}(\boldsymbol{x}^{(\mathbf{C}^{(i)}q)})\left[\begin{array}{c}\dfrac{1}{\Gamma(\theta_{i1}+\theta_{i2})}\dfrac{\partial \Gamma(\theta_{i1}+\theta_{i2})}{\partial \theta_{i2}} - \\[2mm] \dfrac{1}{\Gamma(\theta_{i2})}\dfrac{\partial \Gamma(\theta_{i2})}{\partial \theta_{i2}} + \ln(1-x_i^{(\mathbf{A}q)})\end{array}\right]\right\}$$

$$(6.43)$$

最后，结合以上各式，可高效、准确地得到贝塔分布的输入变量 X_i 的 $M3_i$。

6.3.4　对数正态分布

对数正态分布的概率密度函数为

$$f_{X_i}(x_i) = \begin{cases} \dfrac{1}{\sqrt{2\pi}\beta x_i}\exp\left[-\dfrac{(\ln x_i - \alpha)^2}{2\beta^2}\right] & (x_i > 0) \\[4mm] 0 & (x_i \leqslant 0) \end{cases}$$

$$(6.44)$$

式中：α 和 β 是对数正态分布的分布参数，即 $\theta_{i1}=\alpha$ 和 $\theta_{i2}=\beta$。文献[133]的研究给出了分布参数对方差的偏导数和概率密度函数对分布参数的偏导数，如下所示：

$$\begin{cases} \dfrac{\partial \theta_{i1}}{\partial V_i} = -\dfrac{1}{2}\dfrac{1}{V_i+\mu_i^2} \\[4mm] \dfrac{\partial \theta_{i2}}{\partial V_i} = \dfrac{1}{2\sqrt{\ln(V_i/\mu_i^2+1)}}\dfrac{1}{V_i+\mu_i^2} \end{cases}$$

$$(6.45)$$

$$\frac{\partial f_{X_i}(x_i)}{\partial \theta_{i1}} = \frac{\ln x_i - \theta_{i1}}{\theta_{i2}^2} f_{X_i}(x_i) \tag{6.46}$$

$$\frac{\partial f_{X_i}(x_i)}{\partial \theta_{i2}} = \frac{(\ln x_i - \theta_{i1})^2 - \theta_{i2}^2}{\theta_{i2}^3} f_{X_i}(x_i) \tag{6.47}$$

则 $\dfrac{\partial P_{\text{PFD}}}{\partial \theta_{il}}(l=1,2)$ 和 $\dfrac{\partial H_i}{\partial \theta_{il}}(l=1,2)$ 的估计值如下：

$$\frac{\partial P_{\text{PFD}}}{\partial \theta_{i1}} = \frac{1}{N} \sum_{q=1}^{N} \left[I_{\text{SIL}j}(\boldsymbol{x}^{(q)}) \frac{\ln x_i^{(q)} - \theta_{i1}}{\theta_{i2}^2} \right] \tag{6.48}$$

$$\frac{\partial P_{\text{PFD}}}{\partial \theta_{i2}} = \frac{1}{N} \sum_{q=1}^{N} \left[I_{\text{SIL}j}(\boldsymbol{x}^{(q)}) \frac{(\ln x_i^{(q)} - \theta_{i1})^2 - \theta_{i2}^2}{\theta_{i2}^3} \right] \tag{6.49}$$

$$\frac{\partial H_i}{\partial \theta_{i1}} = \frac{1}{N} \sum_{q=1}^{N} \left[I_{\text{SIL}j}(\boldsymbol{x}^{(\mathbf{A}q)}) I'_{\text{SIL}j}(\boldsymbol{x}^{(\mathbf{C}^{(i)}q)}) \frac{\ln x_i^{(\mathbf{A}q)} - \theta_{i1}}{\theta_{i2}^2} \right] \tag{6.50}$$

$$\frac{\partial H_i}{\partial \theta_{i2}} = \frac{1}{N} \sum_{q=1}^{N} \left[I_{\text{SIL}j}(\boldsymbol{x}^{(\mathbf{A}q)}) I'_{\text{SIL}j}(\boldsymbol{x}^{(\mathbf{C}^{(i)}q)}) \frac{(\ln x_i^{(\mathbf{A}q)} - \theta_{i1})^2 - \theta_{i2}^2}{\theta_{i2}^3} \right] \tag{6.51}$$

结合以上各式,可高效、准确地得到对数正态分布的输入变量 X_i 的 $M3_i$。

6.4 算例分析

下面通过输入变量服从指数分布、γ 分布、β 分布和对数正态分布的 3 个算例,验证在估计 $M3_i$ 时本章所提方法的有效性和准确性。为确保结果的鲁棒性,用 $M3_{ik}(k=1,2,\cdots,w)$ 表示独立重复该过程 w 次获得的灵敏度指标结果,最终灵敏度指标计算结果为 $M3_i = \dfrac{1}{w} \sum_{k=1}^{w} M3_{ik}$。$M3_{ik}(k=1,2,\cdots,w)$ 的均方根误差 (RMSE) ε_i 可由 $\varepsilon_i = \sqrt{\dfrac{1}{w} \sum_{k=1}^{w} (M3_{ik} - M3_i)^2}$ 获得。本节算例中,设 w 为 50。

6.4.1 贝塔分布算例

考虑如下具有两个不确定输入的简单算例：

$$Y = \frac{X_1 + X_2}{11} \tag{6.52}$$

式中：X_1 和 X_2 是两个具有认知不确定性的独立输入变量，服从 β 分布。X_1 的分布参数为 $\alpha_1 = 2$ 和 $\beta_1 = 16$，X_2 的分布参数为 $\alpha_2 = 16$ 和 $\beta_2 = 2$。

　　本算例中，安全完整性等级设为 SIL = 1，表明选择 $p_{SIL1} = 10^{-1}$ 来度量安全性。因此，当输出变量 Y 大于 $p_{SIL1} = 10^{-1}$ 时，表示结构不安全。使用本章提出的方法和步长分别取 $\eta = 0.05$、$\eta = 0.1$、$\eta = 0.3$ 的有限差分法来进行灵敏度分析的估计结果如图 6.1 所示。

　　由图 6.1 可以看出，输入变量的重要性排序为 $X_1 > X_2$，即输入变量 X_1 对输出 P_{PFD} 的方差影响更大。本章的方法只需要 2000 个样本就可以获得合理精确的输入变量 X_1 和 X_2 的灵敏度解。而采用有限差分法计算灵敏度的关键点在于步长 η 的选择。由图 6.1 可知，有限差分法对 X_2 有较好的灵敏度收敛性，而对 X_1 则收敛性较差。当步长 η 取值较小，即 $\eta = 0.05$ 时，如图 6.1(b)所示，有限差分法需要大约 20000 个样本才能获得收敛的灵敏度解，这使得计算成本巨大。当步长 η 取值较大，即 $\eta = 0.3$ 时，如图 6.1(d)所示，最终的灵敏度的计算结果并不精确。总的来说，η 取值越小，结果越精确。但是一个较小的 η 值，即 $\eta = 0.05$ 时，由于 $V(P_{PFD|X_i})$ 和 $V(P_{PFD|X_i^*})$ 的随机性，可能会导致在一个中等规模的 MCS 样本量下数值的不稳定。这个问题可以通过提高 η 的值来解决，即 $\eta = 0.3$，但是结果可能不精确。在这个例子中，当步长取 $\eta = 0.1$ 时可以在准确性和高效性之间取得较好的平衡。但即使选择了合适的步长 $\eta = 0.1$，如图 6.1(c)所示，所需样本量也达到了 $N = 10000$，这也是非常大的。当样本量 $N = 10000$ 时，有限差分法的计算成本为 $N_{call}^{FDM} = 2nNN = 2 \times 2 \times 10000 \times 10000 = 4 \times 10^8$，而本章所提方法的计算成本为 $N_{call}^{PR} = (1 + n)N = (1 + 2) \times 2000 = 6 \times 10^3$。因此，在估计输入变量的灵敏度指标方面，本章所提方法比有限差分法更高效。

　　为了比较本章所提方法与有限差分法的样本 RMSE，本章给出了相应的 RMSE 比较图，如图 6.2 所示。因为取步长 $\eta = 0.1$ 比其他取值更合适，即对应于 $\eta = 0.1$ 的灵敏度指标结果比取 $\eta = 0.05$ 时的解有更高的收敛性，又比取 $\eta = 0.3$ 时的指标计算结果有更高的精确性，因此有限差分法的 RMSE 解对应于 $\eta = 0.1$。图 6.2 中，$PR - X_1$ 和 $PR - X_2$(实线)分别表示使用本章方法估计时 X_1 和 X_2 的 RMSE。$FDM - X_1$ 和 $FDM - X_2$(虚线)分别表示使用有限差分法估计时 X_1 和 X_2 的 RMSE。由图 6.2 可知，对于有限差分法，输入变量 X_1 的 RMSE 较大，且需要大量样本才能使输入变量 X_1 的 RMSE 变小。对于输入变量 X_2，在同样数量的样本下，用有限差分法及本章方法所得到的 RMSE 结果基本相同。这是因为当灵敏度指标很小时(即输入变量 X_2 的灵敏度指标 $M3_i$ 很小)，单循环 MCS

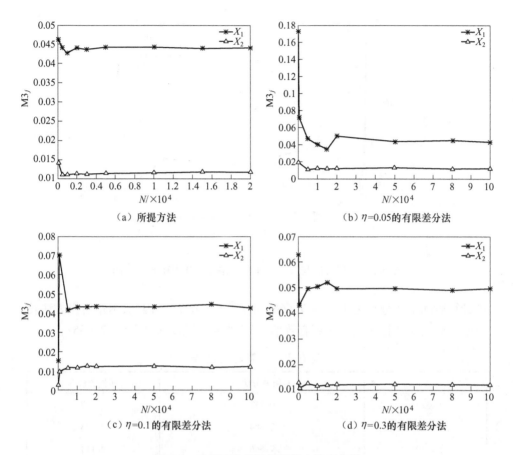

（a）所提方法　　　　　　　　　　　（b）$\eta=0.05$ 的有限差分法

（c）$\eta=0.1$ 的有限差分法　　　　　　（d）$\eta=0.3$ 的有限差分法

图 6.1　灵敏度分析结果随样本数变化图

方法用于估计 $V(P_{\mathrm{PFD}|X_i})$ 的优势可能会减少。尽管对于这两种方法的相同 RMSE，样本数量 N 基本相同，但本章方法的计算成本 $N_{\mathrm{call}}^{\mathrm{PR}}$ 要小于有限差分法的计算成本 $N_{\mathrm{call}}^{\mathrm{FDM}}$，即 $N_{\mathrm{call}}^{\mathrm{PR}} = (1+n)N < N_{\mathrm{call}}^{\mathrm{FDM}} = 2nNN$。

　　表 6.1 列出了本章所提方法和当 $\eta = 0.1$ 时有限差分法的计算时间比较。如表 6.1 所列，当样本量增加时，有限差分法的计算时间快速增长。本章方法的计算时间对样本数量并不敏感。基于这个算例服从的是 β 分布，本章所提方法的大部分计算时间用于估计 $\dfrac{\partial \Gamma(\theta_{il})}{\partial \theta_{il}}(l=1,2)$ 和 $\dfrac{\partial \Gamma(\theta_{i1}+\theta_{i2})}{\partial \theta_{il}}(l=1,2)$。由图 6.1 可知，当有限差分法和本章所提方法的样本量分别为 10000 和 2000 时，其灵敏度指标的计算结果是有效的。有限差分法的计算时间 T^{FDM} 和本章方法

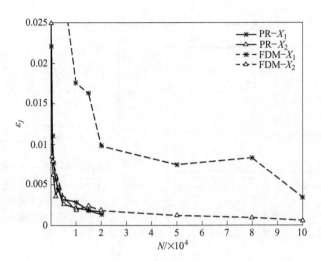

图 6.2 所提方法与 $\eta = 0.1$ 的有限差分法 RMSE 比较图

的计算时间 T^{PR} 分别为 $T^{\mathrm{FDM}} = 7.666\mathrm{s}$ 和 $T^{\mathrm{PR}} = 2.027\mathrm{s}$。因此,本章所提方法较有限差分法在计算时间方面更有效率,即 $T^{\mathrm{PR}} = 2.027\mathrm{s} < T^{\mathrm{FDM}} = 7.666\mathrm{s}$。

表 6.1 计算时间比较

N	有限差分法/s	所提方法/s
2×10^3	0.747	2.027
5×10^3	2.684	2.108
1×10^4	7.666	2.114
3×10^4	54.934	2.171
5×10^4	151.440	2.238

6.4.2 混合分布算例

如图 6.3 所示,考虑有 3 个组件的混联系统,假设这 3 个组件的失效概率分别为 $X_1/10$、$X_2/10$ 和 $X_3/10$。那么,系统的要求时失效概率为

$$Y = 1 - \left(1 - \frac{X_1}{10} \times \frac{X_2}{10}\right)\left(1 - \frac{X_3}{10}\right) = \frac{X_3}{10} + \frac{X_1 X_2}{100} - \frac{X_1 X_2 X_3}{1000} \quad (6.53)$$

式中:X_1 服从分布参数为 $\lambda = 3$ 的指数分布;X_2 服从分布参数为 $\alpha = 4$ 和 $\beta = 5$ 的 γ 分布;X_3 服从分布参数为 $\alpha = 16$ 和 $\beta = 2$ 的 β 分布。

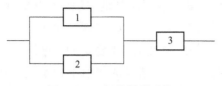

图 6.3　三组件混联系统

本算例中,安全完整性等级设为 SIL=1,即选择 $p_{SIL1} = 10^{-1}$ 来度量安全性。使用本章所提方法以及步长 $\eta = 0.05$、$\eta = 0.1$、$\eta = 0.3$ 的有限差分法来进行灵敏度分析的估计值如图 6.4 所示。从图 6.4(a)可以看出,对于 3 个不同分布类型的输入变量,本章所提方法只需要大约 $N = 5000$ 个样本就可获得稳定的灵敏度解。结果显示,输入变量 X_3 对输出变量不安全域的方差具有最重要的影响,输入变量 X_1 的影响次之,输入变量 X_2 的影响最小。图 6.4(b)和(d)是步长分

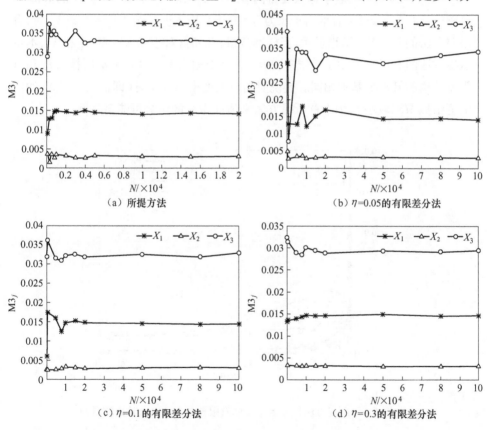

图 6.4　灵敏度分析结果随样本数变化图

别取 $\eta = 0.05$ 和 $\eta = 0.3$ 时有限差分法的灵敏度分析结果。从图 6.4(b)中可以看出,当有限差分法的步长为 $\eta = 0.05$ 时,需要使用 100000 这样巨大的样本数量,且输入变量 X_3 的灵敏度结果还是不稳定的。这说明当有限差分法的步长选择较小的值时,可能导致灵敏度结果的数值不稳定性。从图 6.4(d)中可以看出,与图 6.4(a)和(c)中的结果相比,输入变量 X_3 的灵敏度分析值是不精确的。这说明当步长选择较大时,可能引起计算结果的不精确。在图 6.4(c)中,当步长为 $\eta = 0.1$ 时,有限差分法得到的灵敏度分析结果是合理且精确的,且样本量为 $N = 10000$,因此其计算成本为 $N_{call}^{FDM} = 2nNN = 2 \times 3 \times 10000 \times 10000 = 6 \times 10^8$,而本章所提方法的计算成本为 $N_{call}^{PR} = (1+n)N = (1+3) \times 5000 = 2 \times 10^4$。因此,本章方法比有限差分法更高效。

  本章所提方法和有限差分法($\eta = 0.1$ 时)的 RMSE 如图 6.5 所示。实线为 $PR - X_i(i=1,2,3)$,表示输入变量为 $X_i(i=1,2,3)$ 时本章所提方法的 RMSE。$FDM - X_i(i=1,2,3)$ 表示当步长为 $\eta = 0.1$ 且输入变量为 $X_i(i=1,2,3)$ 时,有限差分法的 RMSE。结果显示,当样本数量相同时,对于输入变量 X_1 和 X_3,本章所提方法的 RMSE 要小于有限差分法;而对于输入变量 X_2,本章所提方法和有限差分法的 RMSE 基本相同。这说明当灵敏度指标较小时(即输入变量 X_2 的灵敏度指标 $M3_i$ 较小),用本章所提方法来估计 $M3_i$ 的优势可能会降低。

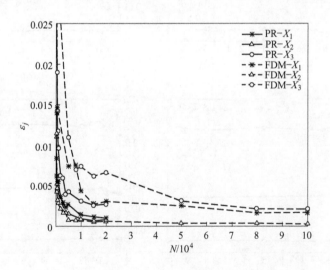

图 6.5　所提方法与 $\eta = 0.1$ 的有限差分方法 RMSE 比较图

由表 6.2 所列的计算时间可以看出,当样本量增加时,有限差分法的计算时间增长迅速。而本章所提方法的计算时间对样本量并不敏感。而且,在同样的样本量下,本章所提方法的计算时间要小于有限差分法,这也说明了本章所提方法的高效性。

表 6.2　计算时间比较

N	有限差分方法/s	所提方法/s
5×10^3	5. 302	2. 404
1×10^4	15. 636	2. 416
2×10^4	52. 286	2. 433
3×10^4	110. 377	2. 438
5×10^4	425. 351	2. 462

6.4.3　对数正态分布算例

安全系统对于消除和降低潜在危险活动的风险具有非常重要的作用。在工程应用中,冗余设计,比如 k 选 n 系统,广泛应用于提高安全系统的安全性水平。文献[145]给出了一个 2oo3(two-out-of-three)架构的真实系统。

$$Y = 3T_1 \left[\lambda_D (1 - \beta)(1 - DC_D) \right]^2 (T_1/3 + \text{MTTR})$$
$$+ \lambda_D (1 - DC_D)(T_1/2 + \text{MTTR})(6\lambda_D DC_D \text{MTTR} + \beta) \quad (6.54)$$
$$+ 3 \left[\lambda_D DC_D \text{MTTR}(1 - \beta_D) \right]^2 + \beta_D \lambda_D DC_D \text{MTTR}$$

式中:λ_D,β,β_D,DC_D 和 MTTR(h) 为具有认知不确定性的独立输入变量;检验时间间隔 $T_1(h)$ 设为 1 年,即 $T_1(h) = $ 1 年 = 8760h;λ_D 为危险失效率;β 和 β_D 分别为未检测到的危险失效因子、检测到的危险失效因子;DC_D 为危险诊断覆盖系数;MTTR(h) 为平均修复时间。基于 IEC 61508 标准(IEC 1998)的推荐范围,这些输入变量的取值范围如表 6.3 所列。用 X_1, X_2, X_3,X_4 和 X_5 分别表示输入变量 λ_D,β,β_D,DC_D 和 MTTR(h)。在文献[86]的研究中,假设所有输入变量服从对数正态分布,如表 6.4 所列。这个假设只是为了生成一个分析算例,再无其他原因。关于这些输入变量分布参数的更多细节,可详见文献[86]的研究。安全完整性等级设为 SIL = 3,即选择 $p_{\text{SIL1}} = 10^{-3}$ 来度量安全性。

表 6.3　2oo3 结构的不确定性输入

不确定变量	解　释	范围
λ_D/h	失效率	$8 \times 10^{-7} \sim 4 \times 10^{-6}$
β	未检测到的危险失效因子	$0.02 \sim 0.2$
β_D	检测到的危险失效因子	$0.01 \sim 0.1$
DC_D	危险诊断覆盖系数	$0.2 \sim 0.9$
MTTR(h)	平均修复时间	$4 \sim 24$
$T_1(h)$	检验时间间隔	8760

表 6.4　服从对数正态分布不确定性输入分布参数

不确定变量	记号 (X_j)	α	β
λ_D/h	X_1	-13.2339	0.4106
β	X_2	-2.7607	0.5874
β_D	X_3	-3.4539	0.5874
DC_D	X_4	-0.8574	0.3837
MTTR(h)	X_5	2.2822	0.4571

使用本章所提方法和步长分别取 $\eta=0.05$、$\eta=0.1$、$\eta=0.3$ 的有限差分法的灵敏度分析结果如图 6.6 所示。结果显示,输入变量 λ_D 对输出不安全域方差的影响最重要,β 次之,DC_D 再次之。输入变量 β_D 和 MTTR 的影响可忽略不计。由图 6.6(a)可知,本章所提方法需要大约 $N=5000$ 个样本以获得输入变量的稳定灵敏值。在图 6.6(b)中可看到,当步长取 $\eta=0.05$ 时,用有限差分法进行灵敏度分析的结果。并且对于输入变量 β,β_D,DC_D 和 MTTR(h),需要大约 30000 个左右样本以获得稳定的灵敏度值。而对于输入变量 λ_D,当样本数量为 70000 时,灵敏度值仍不稳定。由此可见,当步长较小时,有限差分法存在数值不稳定性。图 6.6(c)和(d)分别为 $\eta=0.1$ 和 $\eta=0.3$ 时,有限差分法得到的灵敏度分析结果。与图 6.6(a)相比,这两种结果都是合理且精确的。这表示在本例中用有限差分法来获取输入变量的灵敏度时,步长选择 $\eta=0.1$ 和 $\eta=0.3$ 都是较为合理的。图 6.6(c)和(d)也同样说明,能够获得稳定结果的样本数量为 $N=30000$。因此,步长为 $\eta=0$ 和 $\eta=0.3$ 的有限差分法总计算成本为 $N_{\text{call}}^{\text{FDM}} = 2nNN = 2 \times 5 \times 30000 \times 30000 = 9 \times 10^9$。而本章所提方法的总计算成本为 $N_{\text{call}}^{\text{PR}} = (1+n)N = (1+5) \times 5000 = 3 \times 10^4$。显而易见,本章所提方法较有限差分法更为高效。

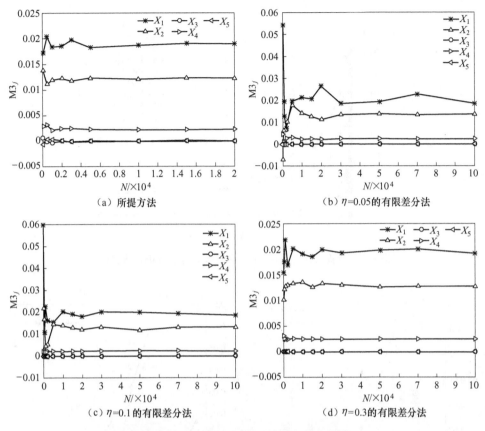

图 6.6　灵敏度分析结果随样本数变化图

本章所提方法和有限差分法（$\eta = 0.1$ 时）的 RMSE 对比如图 6.7 所示。在图 6.7 中，实线 PR-X_i($i=1,2,\cdots,5$) 表示输入变量为 X_i($i=1,2,\cdots,5$) 时本章所提方法的 RMSE，虚线 FDM-X_i($i=1,2,\cdots,5$) 表示当步长为 $\eta=0.1$ 时输入为 X_i($i=1,2,\cdots,5$) 时有限差分法的 RMSE。结果显示，与有限差分法相比，本章所提方法只需要很少的样本就能对所有的输入变量具有良好的灵敏度收敛性。而有限差分法则需要很大的样本数量才能使输入变量 λ_D 和 β 的 RMSE 较小。对于输入变量 β_D，DC_D 和 MTTR，有限差分法和本章所提方法均可获得较好的 RMSE。进一步对比这两种方法，图 6.8 给出了 RMSE 曲线随总计算成本自然对数的变化图。由图 6.8 可知对于输入变量 λ_D，β 和 DC_D，在同等计算成本下本章所提方法的 RMSE 解要优于有限差分法。但是对于输入变量 β_D 和 MTTR，本章所提方法的 RMSE 解却劣于有限差分法。这说明当灵敏度指标较小时（输入

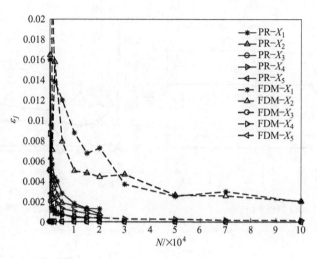

图 6.7　所提方法与 $\eta = 0.1$ 的有限差分方法 RMSE 比较图

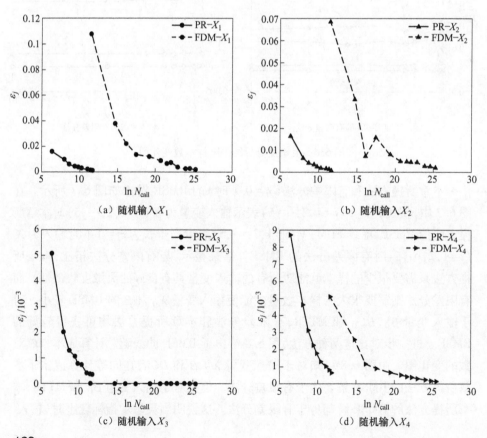

（a）随机输入 X_1

（b）随机输入 X_2

（c）随机输入 X_3

（d）随机输入 X_4

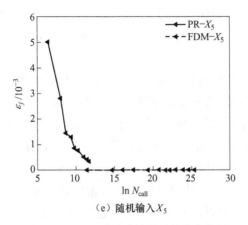

（e）随机输入 X_5

图 6.8　RMSE 随总计算量对数值变化图

变量 β_D 和 MTTR 的灵敏度指标 $M3_i$ 较小），用本章所提方法来求解 $M3_i$ 的优势可能会降低。

表 6.5 为本章所提方法和 $\eta = 0.1$ 时有限差分法二者的计算时间。很容易可以看出当样本量增加时，有限差分法的计算时间增长迅速。在同样的样本量下，本章所提方法的计算时间要小于有限差分法。这说明了考虑计算时间时，本章所提方法较有限差分法更为高效。

表 6.5　计算时间比较

N	有限差分方法/s	所提方法/s
5×10^3	8.670	0.096
1×10^4	26.559	0.099
2×10^4	90.417	0.106
3×10^4	315.724	0.130
5×10^4	929.134	0.143

6.5　小结

为有效识别不确定性输入变量对安全系统所获安全性的重要性，本章提出了一种高效方法用于估计文献［86］研究中所提出的灵敏度指标。虽然文献［86］提出了采用有限差分法来估计灵敏度指标，但有限差分法存在诸多缺点。

一方面,如果选择的差分步长不合适,将导致有限差分法的计算结果在数值上不稳定和不精确。另一方面,该方法需要巨大的计算成本,从而限制了有限差分法在工程上的应用。

为此,本章将数字仿真技术和偏导数解析法相结合,给出了计算安全系统灵敏度指标的高效算法。首先基于概率论中方差和期望的关系对灵敏度指标计算中的关键项 $V(P_{\mathrm{PFD}|X_i})$ 进行转换,从而将 $V(P_{\mathrm{PFD}|X_i})$ 的求解转换为指示函数的积分形式。其次将转换后的指示函数积分形式代入原灵敏度指标的表达式中,可将灵敏度指标的求解转换为两个关键偏导数和 P_{PFD} 的计算。最后,为了进一步简化计算,本章推导出了计算这两个关键偏导数的单循环 MCS 计算过程,且可使用相同的输入样本对这两个关键偏导数和 P_{PFD} 进行计算,从而大大节约了灵敏度指标的计算成本。同时,本章给出了在工程上常用的 4 种分布类型下的两个关键偏导数的求解表达式,为将所提方法应用于工程实践中提供了一定的便利和途径。

与文献[86]所采用的有限差分法相比较,所建立的高效方法的优越性主要体现在两个方面:一是通过所建立的高效方法计算灵敏度指标时不需要选择步长,从而克服了使用有限差分法时由于步长设定不合适所引起的数值不稳定和不精确的问题。二是所建立的高效方法使用单循环 MCS 法来计算灵敏度指标,因此能够有效节约计算成本和计算时间。算例的结果表明:本章所提的新的指标求解方法能够高效求解灵敏度指标 $M3_i$,是识别安全系统中不确定性输入变量重要性的一种高效和精确的方法。

参考文献

［1］端木京顺,常洪,雷洪利,等．航空装备安全学［M］.北京:国防工业出版社,2010.

［2］国防科学技术工业委员会．GJB 900-90.系统安全性通用大纲［S］.北京:国防科学技术
工业委员会,1990.

［3］国防科学技术工业委员会．GJB/Z99-97.系统安全工程手册［S］.北京:国防科学技术工
业委员会,2001.

［4］赵瑞贤,李松航．航空安全性技术发展［C］.大型飞机关键技术高层论坛暨中国航空学会
2007 年学术年会, 2007.

［5］荣明宗．武器装备全系统、全寿命管理的一个首要问题—武器装备全寿命期的阶段划分
［J］.装备指挥技术学院学报,2002,13(2):14—19 .

［6］United State Air Force. USAF class a mishap summary［J］.Flying Safety Magazine. Air Force
Recurring Publication 90-1,2007,63(1-2):51.

［7］United State Air Force. USAF class a mishap summary［J］.Flying Safety Magazine. Air Force
Recurring Publication 90-1,2007,63(3-7):30.

［8］United State Air Force. USAF class a mishap summary［J］.Flying Safety Magazine. Air Force
Recurring Publication 90-1,2007,63(8-11):31.

［9］United State Air Force. USAF class a aviation mishaps［J］.Flying Safety Magazine. Air Force
Recurring Publication 90-1,2007,63(12):31.

［10］United State Air Force. USAF class a flight mishap summary［J］.Flying Safety Magazine. Air
Force Recurring Publication 90-1,2008,64(1-2):55.

［11］United State Air Force. USAF class a flight mishap summary［J］.Flying Safety Magazine. Air
Force Recurring Publication 90-1,2008,64(3-8):31.

［12］United State Air Force. USAF class a flight mishap summary［J］.Flying Safety Magazine. Air
Force Recurring Publication 90-1,2008,64(9):30.

［13］United State Air Force. USAF class a flight mishap summary［J］.Flying Safety Magazine. Air
Force Recurring Publication 90-1,2008,64(10):26.

[14] United State Air Force. USAF class a flight mishap summary[J].Flying Safety Magazine. Air Force Recurring Publication 90-1,2008,64(11-12):31.

[15] United State Air Force. USAF class a flight mishap summary[J].Flying Safety Magazine. Air Force Recurring Publication 90-1,2009,63(1-2):47.

[16] 罗伯特·杰克逊. 当代主力战斗机发展史[M].王志波,译. 北京:军事谊文出版社,2011.

[17] 杰伊·米勒."猛禽"F-22:新一代主力战机[M].杨晨光,百堃,译. 北京:科学普及出版社,2009.

[18] F-14中文站.F-14"熊猫"重型舰载战斗机[M].北京:人民邮电出版社,2012.

[19] 吕震宙,李璐祎,宋述芳,等. 不确定性结构系统的重要性分析理论与求解方法[M].北京:科学出版社,2015.

[20] KAPLAN S, GARRICK B J. On the quantitative definition of risk[J].Risk analysis, 1981, 1 (1): 11-27.

[21] PARRY G, WINTER P. Characterization and evaluation of uncertainty in probabilistic risk analysis [J].Nuclear Safety, 1981, 22 (1):55-58.

[22] BOGEN K T, SPEAR R C.Integrating uncertainty and interindividual variability in environmental risk assessment[J].Risk Analysis, 1987, 7 (4):427-436.

[23] Parry G. W. On the meaning of probability in probabilistic safety assessment[J].Reliability Engineering & System Safety,1988, 23 (4):309-314.

[24] APOSTOLAKIS G. The concept of probability in safety assessments of technological systems [J]. Science,1990, 250 (4986):1359-1364.

[25] MORGAN M G, Small M. Uncertainty: a guide to dealing with uncertainty in quantitative risk and policy analysis[M].Cambridge:Cambridge University Press, 1992.

[26] HOFFMAN F O,HAMMONDS J. S. Propagation of uncertainty in risk assessments: the need to distinguish between uncertainty due to lack of knowledge and uncertainty due to variability [J].Risk Analysis,1994,14(5):707-712.

[27] FERSON S, GINZBURG L R. Different methods are needed to propagate ignorance and variability [J].Reliability Engineering & System Safety, 1996,54(2):133-144.

[28] PATÉ-CORNELL M E. Uncertainties in risk analysis:Six levels of treatment[J].Reliability Engineering & System Safety,1996,54(2):95-111.

[29] Der KIUREGHIAN A, DITLEVSEN O. Aleatory or epistemic? Does it matter? [J].Structural Safety, 2009,31(2):105-112.

[30] ZHAO LUFENG, LU ZHENZHOU, YUN WANYING, WANG WENJIN. Validation metric based on Mahalanobis distance for models with multiple correlated responses[J].Reliability Engineering and System Safety,2017,159:80-89.

［31］AYYUB B M, KLIR G J. Uncertainty modeling and analysis in engineering and the sciences ［M］. CRC Press, 2006 .

［32］HAIMES Y Y. Risk modeling, assessment, and management［M］.New York：John Wiley & Sons, 2005.

［33］VOSE D. Risk analysis：a quantitative guide［M］. New York：John Wiley & Sons, 2008.

［34］WALLEY P. Statistical reasoning with imprecise probabilities ［M］. London：Chapman & Hall, 1991.

［35］BARALDI P, ZIO E, COMPARE M. A method for ranking components importance in presence of epistemic uncertainties［J］.Journal of Loss Prevention in the Process Industries,2009, 22 （5）:582−592.

［36］ZAFIROPOULOS E P, DIALYNAS E N. Reliability and cost optimization of electronic devices considering the component failure rate uncertainty［J］. Reliability Engineering & System Safety, 2004, 84(3):271−284.

［37］BLANKS H S. Arrhenius and the temperature dependence of non−constant failure rate［J］. Quality and reliability engineering international,1990, 6(4): 259−265.

［38］张景林,崔国璋. 安全系统工程［M］.北京:煤炭工业出版社,2002.

［39］赵廷弟. 安全性设计分析与验证［M］.北京:国防工业出版社,2011.

［40］李孝涛. 基于贝叶斯网络的航天系统安全风险建模方法及应用研究［D］.湖南：国防科学技术大学,2016.

［41］Christian Preyssl. Dependability and Safety at the European Space Agency［C］.America：The 8th International Conference on Reliability, Maintainability and Safety.IEEE,2009.

［42］Air Force Safety Agency. NM 87117−5670. Air Force System Safety Handbook［S］. America：AFSC, 2000.

［43］王学奎,杨旭红,刘刚,等. 核电站停堆保护系统安全性仿真研究［J］.发电设备, 2010 （4）:292−305.

［44］YU YU, TONG JIE−JUAN, ZHAO RUI−CHANG et. al. Reliability Analysis for Continuous Operation System in Nuclear Power Plant［C］.America：The 8th International Conference on Reliability, Maintainability and Safety.IEEE,2009.

［45］Department of Defense. MIL−STD−882D. Standard Practice for System Safety［S］. Virginia：Defense Standardization Program Office,2000.

［46］Department of Defense. MIL−STD−882E. Draft Standard Practice for System Safety ［S］. Virginia:Defense Standardization Program Office,2005.

［47］Department of Defense. JSSG−2001B. Joint Service Specification Guide Air Vehicle ［S］. Amrica:DoD,2004.

［48］FAA. FAR 25. 1309,903 ［EB/OL］. http://ecfr. gpoaccess. gov/cgi/t/text/text−idx? c =

ecfr&sid = bd1 5ba08a5d795efa91396308492c838&rgn = div8&view = text&node = 14:. 0. 1. 3. 11. 6. 19 2. 5 & idno = 14, 2009.

[49] U. S. Department of Transportation. AC 23. 1309-1E. System Safety Analysis And Assessment For Part 23 Airplanes[S].America:FAA,2011.

[50] U. S. Department of Transportation. AC 25. 1309-1. System Design Analysis[S].America: FAA, 1982.

[51] Federal Aviation Administration. System Safety Handbook[S].America:FAA,2000.

[52] Department of Defense. MIL-HDBK-514. Operational Safety, Suitability, & Effectiveness for the Aeronautical Enterprise[S].America:DLSC-LM,2003.

[53] Departmentof Defense. MIL-HDBK-515. (USAF) Weapon System Intergrity Guide[S]. America:DLSC-LM, 2002.

[54] Department of Defense. MIL-HDBK-516B. w/change 1 Airworthiness Certification Criteria [S].America:DLSC-LM, 2005.

[55] 邓彬. 军用飞机设计阶段安全性管理模式研究[D].沈阳:沈阳航空工业学院,2007.

[56] 颜兆林. 系统安全性分析技术研究[D].长沙:国防科学技术大学,2001.

[57] 白康明,郭基联,焦健. 军用飞机研制阶段适航性研究[J].空军工程大学学报(自然科学版), 2011,12:1-4.

[58] 焦健. 军用飞机研制适航性研究[J].航空维修与工程,2011(3):81-83.

[59] 宗蜀宁. 军用运输类飞机研制阶段系统安全性评估理论及方法研究[D].西安:空军工程大学,2012.

[60] ZHANG Y C. High-order reliability bounds for series systems and application to structural systems [J]. Computers & Structures, 1993, 46(2): 381-386.

[61] SONG J H, Kiureghian AD. Bounds on system reliability by linear programming [J]. Journal of Engineering Mechanics, ASCE, 2003, 129(6): 627-636.

[62] MJELDE K M. Reliability bounds for series systems [J]. Journal of Structural Mechanics, 1984, 12(1): 79-85.

[63] SALTELLI A, RATTO M, ANDRES T, et al. Global sensitivity analysis [M]. Chichester: John Wiley & Sons, 2008.

[64] IONESCU-BUIOR M, Cacuci DG. A comparative review of sensitivity and uncertainty analysis of large-scale systems—I: Deterministic methods [J]. Nuclear Science and Engineering, 2004, 147(3): 139-203.

[65] CACUCI D G, Ionescu-Bujor M. A comparative review of sensitivity and uncertainty analysis of large-scale systems—II: Statistical methods [J]. Nuclear Science and Engineering, 2004, 147(3): 204-217.

[66] SALTELLI A, ANNONI P. How to avoid perfunctory sensitivity analysis [J]. Environmental

Modelling and Software, 2010, 25(12): 1508-1517.

[67] SINCLAIR J. Response to the PSACOIN Level S exercise. PSACOIN Level S intercomparison [M]. Nuclear Energy Agency, Organization for Economic Cooperation and Development, 1993.

[68] BOLADO-LAVIN R, CASTINGS W, TARANTOLA S. Contribution to the sample mean plot for graphical and numerical sensitivity analysis [J]. Reliability Engineering and System Safety, 2009, 94(6): 1041-1049.

[69] TARANTOLA S, KOPUSTINSKAS V, Bolado-Lavin R, et al. Sensitivity analysis using contribution to sample variance plot: Application to a water hammer model [J]. Reliability Engineering and System Safety, 2012, 99: 62-73.

[70] CAMPOLONGO F, CARIBONI J, Saltelli A. An effective screening design for sensitivity analysis of large models [J]. Environmental Modelling & Software, 2007, 22(10): 1509-1518.

[71] RUANO M V, RIBES J, Seco A, et al. An improved sampling strategy design for application of Morris method to systems with many input factors [J]. Environmental Modelling & Software, 2012, 37(10): 103-109.

[72] CAMPOLONGO F, BRADDOCK R. The use of graph theory in the sensitivity analysis of the model output: a second order screening method [J]. Reliability Engineering and System Safety, 1999, 64 (1): 1-12.

[73] CROPP R A, BRADDOCK R D. The new morris method: an efficient second-order screening method [J]. Reliability Engineering and System Safety, 2002, 78(1): 77-83.

[74] SOBOL I M, KUCHEERENKO S. Derivative based global sensitivity measures and their link with global sensitivity indices [J]. Mathematics and Computers in Simulation, 2009, 79 (10): 3009-3017.

[75] SOBOL I M, KUCHERENKO S. A new derivative based importance criterion for groups of variables and its link with the global sensitivity indices [J]. Computer Physics Communications, 2010, 181(7): 1212-1217.

[76] KUCHERENKO S, RODRIGUEZ-FERNANDEZ M, Pantelides C, et al. Monte Carlo evaluation of derivative-based global sensitivity measures [J]. Reliability Engineering and System Safety, 2009, 94(7): 1135-1148.

[77] LAMBONIA M, IOOSS B, POPELIN A L, et al. Derivative-based global sensitivity measures: General links with Sobol' indices and numerical tests [J]. Mathematics and Computers in Simulation, 2013, 87: 45-54.

[78] SOBOL' I M. Sensitivity analysis for non-linear mathematical models [J]. Mathematical Modelling and Computational Experiment, 1993, 1: 407-414 .

135

[79] HOMMA T, SALTELLI A. Importance measures in global sensitivity analysis of nonlinear models[J]. Reliability Engineering and System Safety, 1996, 52(1):1-17.

[80] PARK C K, AHN K I. A new approach for measuring uncertainty importance and distributional sensitivity in probabilistic safety assessment [J]. Reliability Engineering and System Safety, 1994, 46(3): 253-261.

[81] CHUN M H, Han SJ, Tak NI. An uncertainty importance measure using a distance metric for the change in a cumulative distribution function [J]. Reliability Engineering and System Safety, 2000, 70(3): 313-321.

[82] TANG Z, Lu Z, Jiang B, et al. Entropy-based importance measure for uncertainty model inputs [J]. AIAA Journal, 2013, 51(10): 2319-2334.

[83] BORGONOVO E, TARANTOLA S, PLISCHKE E, et al. Transformations and invariance in the sensitivity analysis of computer experiments [J]. Journal of the Royal Statistical Society B, 2013, in press.

[84] BORGONOVO E. A new uncertainty importance measure [J]. Reliability Engineering and System Safety, 2007, 92(6): 771-784.

[85] 巩祥瑞,吕震宙,刘辉,等. 动态系统失效的不确定性分析及高效算法[J]. 北京航空航天大学学报, 2017,43(7): 1460-1469.

[86] XU M,CHEN T, YANG X H. The effect of parameter uncertainty on achieved safety integrity of safety system[J]. Reliability Engineering and System Safety, 2012, 99: 15-23.

[87] 中国人民解放军总装备部. GJB 451A-2005. 可靠性维修性保障性术语 [S].北京:总装备部军标发行部,2005.

[88] 宋笔锋,等. 飞行器可靠性工程[M].西安:西北工业大学出版社,2006.

[89] 李千. 基于适航的军用航空器持续维修管理体系研究[D].西安:空军工程大学,2010.

[90] 周经纶,袭时雨,颜兆林. 系统安全性分析[M].长沙:中南大学出版社,2003.

[91] Society of Automotive Engineers Inc. ARP 4754. Certification Considerations for Highly-Integrated for Complex Aircraft Systems[S].America:SAE,1996.

[92] Society of Automotive Engineers Inc. ARP 4761. Guideline and Methods for Conducting the Safety Assessment Process on Civil Airborne Systems and Equipment [S]. America: SAE,1996.

[93] HU YAO, YANG MEI, YANG GUI. Equipment reliability estimation of complete samples under varied environment[C].America: The 8th International Conference on Reliability, Maintainability and Safety.IEEE,2009.

[94] 郭永基. 可靠性工程原理[M].北京:清华大学出版社,2002.

[95] 赵宇. 可靠性数据分析[M].北京:国防工业出版社,2011.

[96] ZIO E. Reliability engineering: Old problems and new challenges [J]. Reliability Engineering

& System Safety, 2009, 94(2): 125-141.

[97] 吕震宙,宋述芳,李洪双,等. 结构机构可靠性及可靠性灵敏度分析[M]. 北京: 科学出版社, 2009.

[98] A W BOWMAN, A Azzalini. Applied smoothing techniques for data analysis[M]. New York: Oxford University Press Inc, 1997.

[99] SOBOL I M. Global sensitivity indices for nonlinear mathematical models and their Monte Carlo estimates[J]. Mathematics and Computers inSimulation, 2001, 55(1):271-280.

[100] A SALTELLI, S TARANTOLA. On the relative importance of input factors in mathematical models: Safety assessment for nuclear waste disposal [J]. Journal of the American Statistical Association, 2002, 97(459):702-709 .

[101] IMAN R L , HORA S C. A robust measure of uncertainty importance for use in fault tree system analysis [J]. Risk Analysis, 1990, 10(3):401-406 .

[102] T HOMMA, A SALTELLI. Importance measures in global sensitivity analysis on nonlinear models [J]. Reliability Engineering & System Safety, 1996, 52(1): 1-17.

[103] ERICH N, R KLAUS. High dimensional integration of smooth functions over cubes[J]. Numerische Mathematik Math, 1996, 75(1):79-97.

[104] 高鑫宇. 改进的稀疏网格替代模型及其在地下水模拟不确定性分析中的应用[D]. 南京:南京大学,2020.

[105] 梁其传. 基于自适应稀疏网格模型的桥式起重机主梁结构分析与优化[D]. 武汉:华中科技大学,2019.

[106] VOLKER B, ERICH N, KLAUS R. High dimensional polynomial interpolation on sparse grids[J]. Advances in Computational Mathematics, 2000, 12(4): 273-288.

[107] XIU D B, HESTHAVEN S J. High-order collocation methods for differential equations with random inputs [J].SIAM J. SCI. COMPUT,2005, 27(3):1118-1139.

[108] XIONG F F, STEVEN G, CHEN W, et al. A new sparse grid based method for uncertainty propagation[J]. Structural and Multidisciplinary Optimization, 2010, 41(3): 335-349.

[109] GERSTNER T, GRIEBEL M. Numerical integration using sparse grids [J]. Number Algorithms, 1998, 18: 209-232.

[110] ZHAO Y G,ONO T. Moment method for structural reliability [J]. Structural Safety, 2001, 23(1): 47-75.

[111] HEISS F, WINSCHEL V. Likelihood approximation by numerical integration on sparse grids [J]. Journal of Econometrics, 2008, 144(1): 62-80.

[112] Gerstner T, Griebel M. Dimension-adaptive tensor-product quadrature[J]. Computing, 2003, 71(1): 65-78.

[113] 尹晓伟,钱文学,谢里阳. 系统可靠性的贝叶斯网络评估方法[J]. 航空学报, 2008,

29(6):1482-1489.

[114] 袁朝辉, 崔华阳, 侯晨光. 民用飞机电液舵机故障树分析[J]. 机床与液压, 2006 (11):221-223.

[115] KLEIJNEN J P C. Kriging metamodeling in simulation: A review[J]. European Journal of Operational Research, 2009, 192(3):707-716.

[116] KAYMAZI. Application of kriging method to structural reliability problems[J]. Structural Safety, 2005, 27 (2):133-151.

[117] ECHARD B, GAYTON N, Lemaire M, et al. A combined importance sampling and Kriging reliability method for small failure probabilities with time-demanding numerical models [J]. Reliability Engineering & System Safety, 2013, 111: 232-240.

[118] DUBOURG V, SUDRET B, Deheeger F. Metamodel-based importance sampling for structural reliability analysis [J]. Probabilistic Engineering Mechanics, 2013, 33: 47-57.

[119] CADINI F, SANTOS F, ZIO E. An improved adaptive Kriging-based importance technique for sampling multiple failure regions of low probability [J]. Reliability Engineering and System Safety, 2014, 131: 109-117.

[120] DEPINA I, TMH Le, Fenton G, et al. Reliability analysis with Metamodel Line Sampling [J]. Structural Safety, 2016, 60: 1-15.

[121] ZHANG L G, LU Z Z, WANG P. Efficient structural reliability analysis method based on advanced Kriging model [J]. Applied Mathematical Modelling, 2015, 39: 781-793.

[122] LV Z Y, LU Z Z, WANG P. A new learning function for Kriging and its applications to solve reliability problems in engineering [J]. Computers and Mathematics with Applications, 2015, 70: 1182-1197.

[123] ECHARD B, GAYTON N, LEMAIRE M. AK-MCS: An active learning reliability method combining Kriging and Monte Carlo Simulation[J]. Structural Safety, 2011, 33 (2):145-154.

[124] ZHAO H, YUE Z, LIU Y, et al. An efficient reliability method combining adaptive importance sampling and Kriging metamodel[J]. Applied Mathematical Modelling, 2014, 39 (7):1853-1866.

[125] BICHON B J, ELDRED M S, Swiler LP, et al. Efficient global reliability analysis for nonlinear implicit performance function [J]. AIAA Journal, 2008, 46: 2459-2568.

[126] WANG Z Q, WANG P F. A maximum confidence enhancement based sequential sampling scheme for simulation-based design [J]. ASME Journal of Mechanical Design, 2014, 136 (2): 021006-1—021006-10.

[127] 夏露, 王丹, 张阳, 等. 基于自适应代理模型的气动优化方法[J]. 空气动力学学报, 2016, 34 (4):433-440.

[128] Lophaven S N, Nielsen H B, J Søndergaard. DACE-A MATLAB Kriging toolbox. Technical University of Denmark, 2002.

[129] ISA D, LEE L H, VP Kallimani. Text document preprocessing with the bayes formula for classification using the support vector machine[J]. IEEE Transaction on Knowledge and Data Engineering, 2008, 20(9): 1264-1272.

[130] INVERARDI P L, A Tagliani. Maximum entropy density estimation from fractional moments [J]. Communication in Statistics- Theory and Methods, 2003, 2(2): 327-345.

[131] ZHENG P J, WANG C M, ZONG Z H, et al. A new active learning method based on the learning function U of the AK-MCS reliability analysis method [J]. Engineering Structure, 2017, 148: 185-194 .

[132] JONES D R, SCHONLAU M, Welch WJ. Efficient global optimization of expensive black-box functions[J]. Journal of Global Optimization, 1998 , 13 (4) :455-492.

[133] TANG Z C, ZUO M J, XIAO N C. An efficient method for evaluating the effect of input parameters on the integrity of safety systems[J]. Reliability Engineering & System Safety, 2016, 145: 111-123.

[134] 郭海涛,阳宪惠. 安全系统的安全完整性水平及其选择[J].化工自动化及仪表, 2006, 33(2): 71-75.

[135] 郭海涛,阳宪惠. 一种安全仪表系统 SIL 分配的定量方法[J].化工自动化及仪表, 2006, 33(6): 65-67.

[136] 靳江红,庞磊,赵寿堂等. 安全仪表系统的可用性分析及其定量评估[J]. 测控技术, 2014,33(6):9-12.

[137] 阳宪惠, 郭海涛. 安全仪表系统的功能安全[M].北京: 清华大学出版社, 2007.

[138] 徐明,阳宪惠. 基于特征值分解计算平均要求时危险失效概率[J]. 清华大学学报 (自然科学版),2008,48(S2):1805-1809.

[139] International Electrotechnical Commission. Functional safety of electrical/electronic/ program mable electronic safety-related systems[S]. IEC 61508, Parts 1-7, 1st ed. , Geneva, Switzerland, 1998.

[140] LI L, LU Z Z. Variance-based sensitivity analysis for models with correlated inputs and its state dependent parameter solution[J]. Structural & Multidisciplinary Optimization, 2017, (6): 1-19.

[141] MILLWATER H. Universal properties of kernel functions for probabilistic sensitivity analysis [J]. Probabilistic Engineering Mechanics, 2009, 24(1): 89-99.

[142] GUPTA A K, ZENG W B, WU Y. Exponential distribution[J]. Reliability Engineering & System Safety, 2010, 91(6): 689-697.

[143] LUCKACS E. A characterization of the gamma distribution[J]. Annals of Mathematical

Statistics, 1955, 26(2): 319-324.

[144] ROSS S. A first course in probability[J]. Macmillan, 2009, 93(443): 311-317.

[145] OLIVEIRA L F, ABRAMOVITCH R N. Extension of ISA TR84.00.02 PFD equations to KooN architectures[J]. Reliability Engineering & System Safety, 2010, 95: 707-715.